国家出版基金项目

传统村落保护与传承
适宜技术与产品图例

陈继军　朱春晓　陈　硕　俞骥白　袁中金　编著

U0283162

中国建筑工业出版社

编委会

总编委会

专家组成员：

李先逵　单德启　陆　琦　赵中枢　邓　千　彭震伟　赵　辉　胡永旭

总主编：

陈继军

委员：

陈　硕　罗景烈　李志新　单彦名　高朝暄　郝之颖　钱　川　王　军（中国城市规划设计研究院）
靳亦冰　朴玉顺　林　琢　吉少雯　刘晓峰　李　霞　周　丹　朱春晓　俞骧白　余　毅
王　帅　唐　旭　李东禧

参编单位：

中国建筑设计研究院有限公司、中国城市规划设计研究院、中规院（北京）规划设计公司、
福州市规划设计研究院、华南理工大学、西安建筑科技大学、四川美术学院、昆明理工大学、
哈尔滨工业大学、沈阳建筑大学、苏州科技大学、中国民族建筑研究会

本册编委会

主编：

陈继军　朱春晓　陈　硕　俞骥白　袁中金

参编人员：

魏　成　刘贺玮　柏文峰　周铁钢　谭羽非　潘召南　赵　宇　龙国跃

王欣荣　张翼辉　苏光普　林嗣雄　张　旭　陈蕾君　叶　峰　杨文元

史宇恒　傅大宝　高小平　林　琢　刘锁龙　褚红健

审稿人：

王明田

总　序

　　传统村落，又称古村落，指村落形成较早，拥有较丰富的文化与自然资源，具有一定历史、文化、科学、艺术、经济、社会价值，应予以保护的村落。

　　我国是人类较早进入农耕社会和聚落定居的国家，新石器时代考古发掘表明，人类新石器时代聚落遗址70%以上在中国。农耕文明以来，我国形成并出现了不计其数的古村落。尽管曾遭受战乱和建设性破坏，其中具有重大历史文化遗产价值的古村落依然基数巨大，存量众多。在世界文化遗产类型中，中国古村落集中国古文化、规划技术、营建技术、工艺技术、材料技术等之大成，信息蕴含量巨大，具有极高的文化、艺术、技术、工艺价值和人类历史文化遗产不可替代的唯一性，不可再生、不可循环，一旦消失则永远不能再现。

　　传统村落是中华文明体系的重要组成部分，是中国农耕文明的精粹、乡土中国的活化石，是凝固的历史载体、看得见的乡愁、不可复制的文化遗存。传统村落的保护和发展就是工业化、城镇化过程中对于物质文化遗产、非物质文化遗产以及传统文化的保护，也是当下实施乡村振兴战略的主要抓手之一，更是在新时代推进乡村振兴战略下不可忽视的极为重要的资源与潜在力量。

　　党中央历来高度关注我国传统村落的保护与发展。习近平总书记一直以来十分重视传统村落的保护工作，2002年在福建任职期间为《福州古厝》一书所作的序中提及："保护好古建筑、保护好文物就是保存历史、保存城市的文脉、保存历史文化名城无形的优良传统。"2013年7月22日，他在湖北鄂州市长港镇峒山村考察时又指出："建设美丽乡村，不能大拆大建，特别是古村落要保护好"。2013年12月，习近平总书记在中央城镇化工作会议上发出号召："要依托现有山水脉络等独特风光，让城市融入大自然；让居民望得见山、看得见水、记得住乡愁。"2015年，他在云南大理白族自治州大理市湾桥镇古生村考察时，再次要求："新农村建设一定要走符合农村的建设路子，农村要留得住绿水青山，记得住乡愁"。

　　传统村落作为人类共同的文化遗产，其保护和技术传承一直被国际社会高度关注。我国先后签署了《关于古迹遗址保护与修复的国际宪章》（威尼斯宪章）、《关于历史性小城镇保护的国际研讨会的决议》、《关于小聚落再生的宣言》等条约和宣言，保护和传承历史文化村镇文化遗产，是作为发展中大国的中国必须担当的历史责任。我国2002年修订的《文物保护法》将村镇纳入保护范围。国务院《历史文化名城名镇名村保护条例》对传统村落保护规划和技术传承作出了更明确的规定。

近年来，我国加强了对传统村落的保护力度和范围，传统村落已成为我国文化遗产保护体系中的重要内容。自传统村落的概念提出以来，至2017年年底，住房和城乡建设部、文化部、国家文物局、财政部、国土资源部、农业部、国家旅游局等相关部委联合公布了四批共计4153个中国传统村落，颁布了《关于加强传统村落保护发展工作的指导意见》等相关政策文件，各级政府和行业组织也制定了相应措施和方案，特别是在乡村振兴战略指引下，各地传统村落保护工作蓬勃开展。

我国传统村落面广量大，地域分异明显，具有高度的复杂性和综合性。传统村落的保护与发展，亟需解决大多数保护意识淡薄与局部保护开发过度的不平衡、现代生活方式的诉求与传统物质空间的不适应、环境容量的有限性与人口不断增长的不匹配、保护利用要求与经济条件发展相违背、局部技术应用与全面保护与提升的不协调等诸多矛盾。现阶段，迫切需要优先解决传统村落保护规划和技术传承面临的诸多问题：传统村落价值认识与体系化构建不足、传统村落适应性保护及利用技术研发短缺、传统村落民居结构安全性能低下、传统民居营建工艺保护与传承关键技术亟待突破，不同地域和经济发展条件下传统村落保护和发展亟需应用示范经验借鉴等。

另一方面，随着我国城镇化进程的加快，在乡村工业化、村落城镇化、农民市民化、城乡一体化的大趋势下，伴随着一个个城市群、新市镇的崛起，传统村落正在大规模消失，村落文化也在快速衰败，我国传统村落的保护和功能提升迫在眉睫。

在此背景之下，科学技术部与住房和城乡建设部在国家"十二五"科技支撑计划中，启动了"传统村落保护规划与技术传承关键技术研究"项目（项目编号：2014BAL06B00）研究，项目由中国建筑设计研究院有限公司联合中国城市规划设计研究院、华南理工大学、西安建筑科技大学、四川美术学院、湖南大学、福州市规划设计研究院、广州大学、郑州大学、中国建筑科学研究院、昆明理工大学、长安大学、哈尔滨工业大学等多个大专院校和科研机构共同承担。项目围绕当前传统村落保护与传承的突出难点和问题，以经济性、实用性、系统性和可持续发展为出发点，开展了传统村落适应性保护及利用、传统村落基础设施完善与使用功能拓展、传统民居结构安全性能提升、传统民居营建工艺传承、保护与利用等关键技术研究，建立了传统村落保护与发展的成套技术应用体系和技术支撑基础，为大规模开展传统村落保护和传承工作提供了一个可参照、可实施的工作样板，探索了不同地域和经济发展条件下传统村落保护和利用的开放式、可持续的应用推广机制，有效提升了我国传统村落保护和可持续发展水平。

中国建筑设计研究院有限公司联合福州市规划设计研究院、中国城市规划设计研究院等单位共同承担了"传统村落保护规划与技术传承关键技术研究"项目"传统村落规划改造及民居功能综合提升技术集成与示范"课题（课题编号：2014BAL06B05）的研究与开发工作，基于以上课题研究和相关集成示范工作成果以及西北和东北地区传统村落保护与发展的相关研究成果，形成了《中国传统村落保护与发展系列丛书》。

丛书针对当前我国传统村落保护与发展所面临的突出问题，系统地提出了传统村落适应性保护及利用，传统村落基础设施完善与使用功能拓展，传统民居结构安全性能提升，传统营建工艺传承、保护与利用等关键技术于一体的技术集成框架和应用体系，结合已经开展的我国西北、华北、东北、太湖流域、皖南徽州、赣中、川渝、福州、云贵少数民族地区等多个地区的传统村落规划改造和民居功能综合提升的案例分析和经验总结，为全国各个地区传统村落保护与发展提供了可借鉴、可实施的工作样板。

《中国传统村落保护与发展系列丛书》主要包括以下内容：

系列丛书分册一《福州传统建筑保护修缮导则》以福州地区传统建筑修缮保护的长期实践经验为基础，强调传统与现代的结合，注重提升传统建筑修缮的普适性与地域性，将所有需要保护的内容、名称分解到各个细节，图文并茂，制定一系列用于福州地区传统建筑保护的大木作、小木作、土作、石作、油漆作等具体技术规程。本书由福州市城市规划设计研究院罗景烈主持编写。

系列丛书分册二《传统村落保护与传承适宜技术与产品图例》以经济性、实用性、系统性和可持续发展为出发点，系统地整理和总结了传统村落保护与发展亟需的传统村落基础设施完善与使用功能拓展，传统民居结构安全性能提升，传统民居营建工艺传承、保护与利用等多项技术与产品，形成当前传统村落保护与发展过程中可以借鉴并采用的适宜技术与产品集合。本书由中国建筑设计研究院有限公司陈继军主持编写。

系列丛书分册三《太湖流域传统村落规划改造和功能提升——三山岛村传统村落保护与发展》作者团队系统调研了太湖流域吴文化核心区的传统村落，特别是系统研究了苏州太湖流域传统村落群的选址、建设、演变和文化等特征，并以苏州市吴中区东山镇三山岛村作为传统村落规划改造和功能提升关键技术示范点，开展了传统村落空间与建筑一体化规划、江南水乡地区传统民居结构和功能综合提升、苏州吴文化核心区传统村落群保护和传承规划、传统村落基础设施规划改造等集成与示范，对集成与示范成果进行编辑整理。本书由中国建筑设计研究院有限公司刘晓峰主持编写。

系列丛书分册四《北方地区传统村落规划改造和功能提升——梁村、冉庄村传统村落保护与发展》作者团队以山西、河北等省市为重点，调查研究了北方地区传统村落的选址、格局、演变、建筑等特征，并以山西省平遥县岳壁乡梁村作为传统村落规划改造和功能提升关键技术示范点，开展了北方地区传统民居结构和功能综合提升、传统历史街巷的空间和景观风貌规划改造、传统村落基础设施规划改造、传统村落生态环境改善等关键技术集成与示范，对集成与示范成果进行编辑整理。本书由中国建筑设计研究院有限公司林琢主持编写。

系列丛书分册五《皖南徽州地区传统村落规划改造和功能提升——黄村传统村落保护与发展》作者团队以徽派建筑集中的老徽州地区一府六县为重点，调查研究了皖南徽州地区传统村落的选址、格局、演变、建筑等特征，并以安徽省休宁县黄村作为传统村落规划改造和功能提升关键技术示范点，开展了传统村落选址与空间形态风貌规划、徽州地区传统民居结构和功能综合提升、传统村落人居环境和基础设施规划改造等的关键技术集成与示范，对集成与示范成果进行编辑整理。本书由中国建筑设计研究院有限公司李志新主持编写。

系列丛书分册六《福州地区传统村落规划更新和功能提升——宜夏村传统村落保护与发展》作者团队以福建省中西部地区为重点，调查研究了福州地区传统村落的选址、格局、演变、建筑等特征，并以福建省福州市鼓岭景区宜夏村作为传统村落规划改造和功能提升关键技术示范点，开展了传统村落空间保护和有机更新规划、传统村落景观风貌的规划与评价、传统村落产业发展布局、传统民居结构安全与性能提升、传统村落人居环境和基础设施规划改造等的关键技术集成与示范，对集成与示范成果进行编辑整理。本书由福州市城市规划设计研究院陈硕主持编写。

系列丛书分册七《赣中地区传统村落规划改善和功能提升——湖州村传统村落保护与发展》作者团队以江西省中部地区为重点，调查研究了赣中地区传统村落的选址、格局、演变、建筑等特征，并以江西省峡江县湖洲村作为传统村落规划改造和功能提升关键技术示范点，开展了传统村落选址与空间形态风貌规划、赣中地区传统民居结构和功能综合提升、传统村落人居环境和基础设施规划等的关键技术集成与示范，对集成与示范成果进行编辑整理。本书由中国城市规划设计研究院郝之颖主持编写。

系列丛书分册八《云贵少数民族地区传统村落规划改造和功能提升——碗窑村传统村落保护与发展》作者团队以云南、贵州省为重点，调查研究了云贵少数民族地区传统村落的选址、格局、演变、建筑和文化等特征，并以云南省临沧市博尚镇碗窑村作为传统村落规划改造和功能提升关键技术示范点，开展了碗窑土陶文化挖掘和传承、传统村落特色空间形态风貌规划、云贵少数民族地区传统民居结构安全和功能提升、传统村落人居环境和基础设施规划改造等的关键技术集成与示范，对集成与示范成果进行编辑整理。本书由中国建筑设计研究院有限公司陈继军主持编写。

系列丛书分册九《西北地区乡村风貌研究》选取全国唯一的撒拉族自治县循化县154个乡村为研究对象。依据不同民族和地形地貌将其分为撒拉族川水型乡村风貌区、藏族山地型乡村风貌区以及藏族高山牧业型乡村风貌区。在对其风貌现状深入分析的基础上，遵循突出地域特色、打造自然生态、传承民族文化的乡村风貌的原则，提出乡村风貌定位，探索循化撒拉族自治县乡村风貌控制原则与方法。乡村风貌的研究可以促进西北地区重塑地域特色浓厚的乡村风貌，促进西北地区乡村文化特色继续传承发扬，促进西北地区乡村的持续健康发展。本书由西安建筑科技大学靳亦冰主持编写。

系列丛书分册十《辽沈地区民族特色乡镇建设控制指南》在对辽沈地区近2000个汉族、满族、朝鲜族、锡伯族、蒙古族和回族传统村落的自然资源和历史文化资源特色挖掘的基础上，借鉴国内外关于地域特色语汇符号甄别和提取的先进方法，梳理出辽沈地区六大主体民族各具特色的、可用于风貌建设的特征性语汇符号，构建出可以切实指导辽沈地区民族乡村风貌建设的控制标准，最终为相关主管部门和设计人员提供具有科学性、指导性和可操作性的技术文件。本书由沈阳建筑大学朴玉顺主持编写。

《中国传统村落保护与发展系列丛书》编写过程中，始终坚持问题导向和"经济性、实用性、系统性和可持续发展"等基本原则，考虑了不同地区、不同民族、不同文化背景下传统村落保护和发展的差异，将前期研究成果和实践经验进行了系统的归纳和总结，对于研究传统村落的研究人员具有一定的技术指导性，对于从事传统村落保护与发展的政府和企事业工作人员，也具有一定的实用参考价值。丛书的出版对全国传统村落保护与发展事业可以起到一定的推动作用。

丛书历时四年时间研究并整理成书，虽然经过了大量的调查研究和应用示范实践检验，但是针对我国复杂多样的传统村落保护与发展的现实与需求，还存在很多问题和不足，尚待未来的研究和实践工作中继续深化和提高，敬请读者批评指正。

本丛书的研究、编写和出版过程，得到了李先逵、单德启、陆琦、赵中枢、邓千、彭震伟、赵辉、胡永旭、郑国珍、戴志坚、陈伯超、王军（西安建筑科技大学）、杨大禹、范霄鹏、罗德胤、冯新刚、王明田、单彦名等专家学者的鼎力支持，一并致谢！

陈继军

2018年10月

前　言

　　传统村落是指形成较早，拥有较丰富的文化与自然资源，具有一定历史、文化、科学、艺术、经济、社会价值，应予以保护的村落。传统村落具有深厚的历史积淀和文化底蕴，传承着一个民族的文明基因和文化记忆。村落里的自然生态、故事传说、古建筑、民间艺术和民俗民风，都是需要保护和传承的瑰宝。

　　自2014年住房和城乡建设部联合文化部、国家文物局、财政部等多部委开展了全国传统村落调查、认定和保护工作以来，我国传统村落保护与传承工作得到了充分的重视，各级政府根据本地区传统村落的问题和特色，开展了大量行之有效的保护和传承工作。

　　但是，由于我国传统村落面广量大、地域分异明显、具有高度的复杂性和综合性，现阶段传统村落保护和传承仍然面临诸多问题亟待解决：传统村落价值认识与体系化构建不足、传统村落适应性保护及利用技术研发短缺、传统村落民居结构安全性能低下、传统民居营建工艺保护与传承关键技术亟待突破，不同地域和经济发展条件下传统村落保护和利用急需示范验证及推广等，特别是涉及到传统村落的功能提升，是提高传统村落活力、防止传统村落走向空心化和没落的重要工作内容。

　　在传统村落保护与传承过程中，要综合考虑传统村落发展的实际情况和村民意愿，尽量避免直接采用面向城市的产品和技术带来的农村城市化和千村一面等修建性破坏，避免过高的投入成本带给政府和村民更多的经济压力，避免未经验证的产品和技术应用带来重复投资和浪费。

　　在此背景之下，科技部和住房城乡建设部在国家"十二五"科技支撑计划中，启动了"传统村落保护规划与技术传承关键技术研究"项目（项目编号：2014BAL06B00）研究，项目由中国建筑设计研究院有限公司联合中国城市规划设计研究院、华南理工大学、西安建筑科技大学、四川美术学院、湖南大学、福州市规划设计研究院、广州大学、郑州大学、中国建筑科学研究院、昆明理工大学、哈尔滨工业大学、长安大学等多个大专院校和科研机构共同承担。项目中课题二"传统村落基础设施完善与使用功能拓展关键技术研究与示范"（课题编号：2014BAL06B02）、课题三"传统村落结构安全性能提升关键技术研究与示范"（课题编号：2014BAL06B03）、课题四"传统村落营建工艺传承、保护与利用技术集成与示范"（课题编号：2014BAL06B04）和课题五"传统村落规划改造及功能综合提升技术集成与示范"（课题编号：2014BAL06B05）的部分研究开发成果构成了本书的主体内容。

本书包括9章，重点以适宜性和经济性为出发点，在对传统村落技术产品评价指标体系建设的基础上，对收集整理和正在研发的传统村落保护与传承技术和产品进行综合评价，系统性地整理了传统村落保护和传承过程中急需的基础设施完善、民居结构功能提升、民居营建工艺传承与利用等的技术和产品，形成针对传统村落改造提升问题的经济性高、技术水平先进、村民接受意愿强的技术和产品图例，指导全国传统村落的改造和提升。

本书收集整理的产品和技术，综合考虑了传统村落文化价值的保护和传承要求，以及政府、村民、社会对传统村落保护和传承的多方面诉求等各种因素。考虑到传统村落作为一种特殊类型的村落，这些产品和技术同样适用于一般村落的保护和发展。

本书虽然整理、收集并分析了当前传统村落保护与传承过程中亟需的八大类产品和技术，但是对于复杂多样的传统村落保护与传承工作来说，应该还是不充分和不完整的，各个技术和产品的实际应用效果评估也存在着应用时间较短、数量对比过少、评价深度不足等诸多问题，需要在未来的传统村落保护和传承工作中继续完善和提升，敬请读者批评指正！

目 录

第 1 章

总　则

01

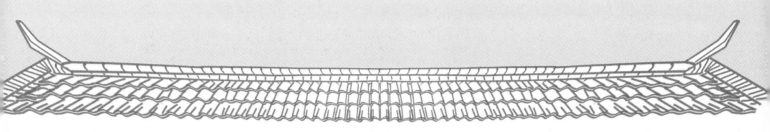

1.1 传统村落保护与发展现状

传统村落，又称古村落，指村落形成较早，拥有较丰富的文化与自然资源，具有一定历史、文化、科学、艺术、经济、社会价值，应予以保护的村落。传统村落中蕴藏着丰富的历史信息和文化景观，是中国农耕文明留下的最大遗产。2012年9月，经传统村落保护和发展专家委员会第一次会议决定，将习惯称谓"古村落"改为"传统村落"，以突出其文明价值及传承的意义。

自2012年4月起，住房和城乡建设部、文化部、国家文物局、财政部等四部委开展了全国第一次传统村落摸底调查。至2013年7月15日，全国已进行11937个传统村落的普查工作，收录1.4万余个传统村落，其中有80%左右的传统村落形成于清代以前，半数以上拥有各级文物保护单位，各级非遗代表性项目3200多项，涵盖了各民族的典型聚落形态。

2012年12月，在各地初步评价推荐的基础上，经传统村落保护和发展专家委员会评审认定并公示了第一批共646个具有重要保护价值的村落列入中国传统村落名录。截至到2018年12月底，住房和城乡建设部联合其他多个部委，分期、分批发布了五批中国传统名录，中国传统村落数量已达到6803个。

2014年9月，住房和城乡建设部、文化部、国家文物局、财政部等四部局联合发布了《关于切实加强中国传统村落保护的指导意见》（建村[2014]61号），从国家层面突出了传统村落保护的重要意义，加强了传统村落保护工作的布置与开展，同时，也提出措施防止各地传统村落保护过程中出现盲目建设、过度开发、改造失当等修建性破坏现象，积极稳妥推进中国传统村落保护项目的实施。

1.2 推广传统村落保护与传承适宜技术的必要性

长期的城乡二元分割，造成了农村基础设施和公共设施等方面投资缺失，近些年农村环境发生很大变化，村庄人居环境恶化，特别是以传统村落为主的古村落，情况更为严重。

当前传统村落规划改造过程中存在以下一些问题：

1. 传统村落的自然性损毁

传统村落大多年代久远，散落在相对偏僻、贫穷落后的地区。大多数传统村落仍得不到有效保护。有的地方对传统村落的稀缺性和不可再生性认识不足，许多传统村落的格局风貌、生态环境不断遭受破坏，一些民间民俗文化濒临消亡。

2. 传统村落处于老龄化、空巢化的自然性颓废状态

随着工业化、城镇化快速发展，大量农村人口尤其是青壮年劳动力不断外流，农村常住人口逐渐减少，很多村庄出现人走房空现象。传统村落的老龄化、空巢化，使得传统村落缺乏维持自身发展的动力。

3. 大量并村导致传统村落迁移消失

异地脱贫、下山移民、海岛和库区整村搬迁，使不少传统村落迁移消失；城镇化扩张性发展使许多村落被圈进城中村；新农村建设的部分误区使不少传统村落逐渐消失或衰败。

4. 拆旧建新导致传统村落自然性破坏

农民对现代生活方式和品质的合理追求，对原有居住环境的不满意构成传统村落保护的内部压力。由于政策等原因，一些传统村落居民在原址上拆旧建新、弃旧建新，使众多传统村落乡村建筑遭到自主自建性破坏，破坏了传统村落的古风古貌。

5. 不恰当的城市化与新农村建设导致建设性破坏

城市化的扩张，给乡村的山水生态格局和乡土景观带来冲击。在新农村建设中，有的地方不考虑传统村落文化遗产的保护传承，简单提出旧村改造口号。有的地方将有地方特色的传统街巷和历史建筑拆除，新建现代化村民住宅；盲目高起点、高标准，大搞整齐划一的高层住宅模式。有的地方为追求政绩而急功近利，急于搞千村一面的形象工程等。

6. 商业化过度开发导致开发性破坏

一些领导干部对传统村落保护的意识较弱，对乡土建筑价值的认识只停留在旅游开发上，而对其丰富的历史文化等价值知之甚少。一些地方政府片面追求传统村落乡土建筑的经济价值。一些具有重要价值的乡土建筑因保护管理不善遭到破坏。近年来旅游业的快速发展带来的大量人流、信息流和异地文化，旅游需求对传统村落文化的一些不当利用，以及大量缺乏规划或规划不科学的旅游接待设施建设、景点建设等，对传统村落造成破坏。

在上述问题中，部分是基于我国村落发展和传统村落发展的现实，如城镇化带来的村落空心化，以及村落长期处于失修状态导致自然损毁，而另一部分原因，则是由于过度开发和受城市化的负面影响，没有结合传统村落发展特征，采用了不当的技术和产品造成的。

传统村落保护和传承的产品和技术不能够直接采用面向城市和来自城市的产品和技术，必须综合考虑传统村落发展的实际情况、村民意愿和价值提升等各种要求。开展传统村落改造提升产品和技术适用性评价技术研究，对进入传统村落改造提升过程的产品和技术进行收集、整理和适用性评价，推荐真正能够解决传统村落改造问题的经济性高、技术水平先进、村民接受意愿强的产品和技术，从而指导全国传统村落的保护和传承。

1.3 传统村落保护与传承适宜技术评价

1.3.1 传统村落保护与传承适宜技术评价标准

一、评价基本原则

传统村落保护与传承适宜技术的评价应符合以下基本原则：

1. 系统与综合的原则

在构建传统村落保护与传承适宜技术评价体系时，要采用系统的观点，从整体上来综合考察技术和产品的各个方面，对技术和产品应结合传统村落保护和传承效果的分析和评价，也不能基于单一的评价指标，必须从村落的保护价值效果、影响因素、村民意愿等多方面进行综合评价。

2. 分类与可比的原则

传统村落保护与传承的技术和产品应用直接影响传统村落保护与传承实施工作的开展，而实施工作又是一个非常复杂的过程，包含多种因素、多重关系，在评价时采用分类评价的方式，根据评价对象的不同属性和特点，确定相应的评价程序、标准和方法，提高评价的准确性和有效性。

3. 定性与定量的原则

为了保证评价结果的科学、客观、公正，所制定的评价体系应该尽可能定量化，然而，由于传统村落保护与传承的技术采用和实施活动涉及内容丰富、影响因素众多，许多因素难以定量判断，只有模糊性的描述，因此，评价中宜采用定性和定量相结合的评价方法，并将定性描述采取逻辑判断的方法进行量化处理，才能对被评对象做出准确、科学的评价。

4. 实用与便捷的原则

由于传统村落保护与传承适宜技术评价的目的是在于指导今后传统村落保护实践活动，避免因错误的选择造成传统村落保护与传承工作难以实现预期目标，因此，对适宜技术的评价应该是在一定条件下进行的评价活动，应迅速、准确地反映目前的传统保护的价值变化，这就要求既要兼顾全面，又要适当简化评价过程，尽量选择有效指标，迅速得出评价结果。以实用和可操作性原则为基础挑选合适的评价方法和适量的评价指标，做到在同类评价中，指标分层适度、方法选择合理。

二、评价指标体系

传统村落改造提升产品和技术适用性评价主要考虑到传统村落改造提升的现实，从技术先进性、内容合理性、经济可行性、实施便捷性、村民接受水平等多个维度考虑产品和技术在传统村落改造提升和民居功能综合提升方面的应用和推广。

传统村落改造提升产品和技术适用性评价指标体系包括6个一级指标和19个二级指标。在一级指标中，主要包括技术先进性、内容合理性、经济可行性、实施便捷性、村民接受水平和减分项等六大类指标，其中技术先进性重点评价技术和产品是否符合未来技术和产品发展的趋势和方向，内容合理性重点在评价技术或产品是否符合国家各级政府和部门制定的发展战略和重要方向，经济可行性、实施便捷性重点围绕产品和技术是否经济合理、符合当地农村基本收入水平，以及是否能够在人力物力资源方面具备实施条件。一级指标中，特意增加了减分项，是为了防止技术和产品应用过程中出现重大应用问题时能够及时被停止和修正（图1-3-1）。

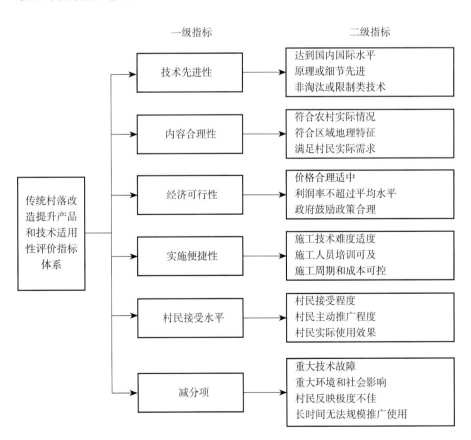

图1-3-1　传统村落改造提升产品和技术适用性评价指标体系

一级指标　　二级指标

技术先进性
达到国内国际水平
原理或细节先进
非淘汰或限制类技术

内容合理性
符合农村实际情况
符合区域地理特征
满足村民实际需求

经济可行性
价格合理适中
利润率不超过平均水平
政府鼓励政策合理

传统村落改造提升产品和技术适用性评价指标体系

实施便捷性
施工技术难度适度
施工人员培训可及
施工周期和成本可控

村民接受水平
村民接受程度
村民主动推广程度
村民实际使用效果

减分项
重大技术故障
重大环境和社会影响
村民反映极度不佳
长时间无法规模推广使用

传统村落保护与传承适宜技术评价指标体系重点考虑了当前我国传统村落保护的基本原则以及我国传统村落发展的特征，强调了技术的实用性、经济性和合理性，避免一些用于城市发展的产品和技术未经论证而盲目应用于传统村落保护实践，通过建立传统村落鼓励类技术产品和限制类技术产品清单，将更合适的技术和产品应用于传统村落改造和提升。

三、评价指标赋权与量化

传统村落保护与传承适宜技术评价指标体系确定后，需要考虑各指标元素对评价结果存在的影响以及影响程度的强弱，即不同指标的重要程度通过它所拥有的地位和作用反映在整个评价指标体系中，简单来说就是确定各指标的权重。

由于传统村落提升改造过程中，各项评价指标相对应的可获得的数据量并不多，因此并不适用于客观赋权法，而进一步考虑到评价体系的科学性、结构层级性和各指标元素之间的反馈关系，可以采用德尔菲法（Delphi）和网络层次分析法（ANP）相结合的组合赋权法来实现对传统村落保护实施评价模型的赋权过程。

在各指标的赋权工作完成后，就需要根据每项指标的特征设置相应的评分标准。确定指标进行评分标准的分类，并赋予每个类别具体的分值区域，在评价时就能将该项指标的重要度和完成度转化为直观的分值，将极大地简化评价工作。在参考传统村落评价认定指标体系及其他文献资料的基础上，考虑传统村落保护实施的特点，采用直接量化和间接量化的方法进行赋分。

在具体实施过程中，各省市县可以根据本地区传统村落保护与传承的特点和工作重点，明确传统村落保护与传承适宜技术各个评价指标的权重和评分标准，建立更加适合本地区使用的评价体系，用于传统村落保护与传承的工作实践。

四、动态评价机制

传统村落保护与传承适宜技术评价指标体系中，引入了减分项作为评价的一级指标，为适宜技术的动态评价提供了基础。适宜技术动态评价机制的建设，能够为大规模开展传统村落保护与传承工作开展提供技术保障。

减分项中包括有四类二级指标，即重大技术故障、重大环境和社会影响、村民反映极度不佳、长时间无法规模推广使用。这四类指标基本涵盖了技术和产品应用和推广过程中，基于前续技术和产品的实际使用效果，对本地区后续传统村落保护和传承实施工作中相应的技术和产品的动态影响因素，其中，重大技术故障和重大环境和社会影响为客观反映出来的负面因素，村民反映极度不佳为使用者综合评价的主观因素，长时间无法规模推广使用是考虑实用技术的推广可能性的主观因素。

1.3.2 传统村落保护与传承适宜技术评价应用案例

以江苏省苏州市东山镇三山村和陆巷古村传统村落为例，进行传统村落保护与传承适宜技术与产品的综合评价。

三山村和陆巷古村地处苏州太湖4A级风景区内，为典型的江南古村落，村落错落有致、山水环境良好，目前这些村落都在大力发展乡村旅游，村民多以农家乐和农副产品加工制作为主业，生活富裕，注重整体环境和家庭内部装饰。

在三山村和陆巷古村开展适宜技术评价，需要考虑以下基本要素：①传统村落村集经济和村民均有一定的收入，村民更新房屋和提高人居环境的意愿比较强烈，也容易接受一些新的技术应用；②在技术先进性、内容合理性、经济可行性、实施便捷性等一级指标中，经济可行性是首要考虑的评价要素，其次是内容合理性和实施便捷性，最后才考虑技术先进性；③村民比较关注更新改善的实际效果，具有一定的主动性判断和挑选能力。

一、评价指标赋权与量化

基于村落的地域、经济等各种条件，对适宜技术评价指标体系的第一层级的各个指标采用AHP（1-9）方法（表1-3-1）进行两两判别，以确定两个评价指标之间的相互重要性，得出第一层级指标相互评价的判别矩阵（表1-3-2）。

AHP（1-9）方法标度含义表   表1-3-1

对比值（A_i/A_j）	解释
1	表示两个元素相比，具有同等重要性
3	表示两个元素相比，一个元素比另一个元素相对重要
5	表示两个元素相比，一个元素比另一个元素明显重要
7	表示两个元素相比，一个元素比另一个元素强烈重要
9	表示两个元素相比，一个元素比另一个元素极端重要

第一层级指标相互评价判别矩阵   表1-3-2

C_k	A_1	A_2	A_3	A_4	A_5
A_1	1	1/3	1/5	1/3	1/5
A_2	3	1	1/3	1	1/3
A_3	5	3	1	1	1
A_4	3	1	1	1	1/3
A_5	5	3	1	3	1

同理，对适宜技术评价指标体系的第二层级的各个指标也采用上述类似方法，得出各个相应层级内的判断矩阵，最终计算出适宜技术评价指标体系中各个指标的权重（表1-3-3）。

适宜技术评价指标权重表　　　　　　　　　　表1-3-3

目标层	一级指标	权重	二级指标	权重
传统村落适宜技术评价（C）	技术先进性（A₁）	0.055	达到国际国内水平（B₁）	0.006
			原理或技术先进（B₂）	0.014
			非淘汰或限制类技术（B₃）	0.035
	内容合理性（A₂）	0.132	符合农村实际情况（B₄）	0.044
			符合村域地域特征（B₅）	0.044
			满足村民实际需要（B₆）	0.044
	经济可行性（A₃）	0.288	价格合理适中（B₇）	0.184
			利润率不超过平均水平（B₈）	0.030
			政府鼓励政策合理（B₉）	0.074
	实施便捷性（A₄）	0.17	施工技术难度适度（B₁₀）	0.057
			施工人员培训可及（B₁₁）	0.057
			施工周期和成本可控（B₁₂）	0.056
	村民接受水平（A₅）	0.354	村民接受程度（B₁₃）	0.037
			村民主动推广程度（B₁₄）	0.091
			实际使用效果（B₁₅）	0.226

针对每项参与评价的技术或产品，按照上述评价指标体系中的各项标准，对每个评价指标按0～100分进行打分，将每个指标的评价分值乘以相应的指标权重，最后累计形成该技术或产品最终的适宜技术评价值。评价分值比较高的技术，可以归纳为可以在传统村落保护和传承过程中推荐使用的适宜技术。

二、评价结果及建议

根据当前三山岛村和陆巷古村保护和传承工作需要，对村内基础设施完善所需要的聚乙烯化粪池、砖砌及钢筋混凝土化粪池、小型净化槽等三种方案进行适宜技术评价，每个评价指标均采用100分制，可以由专家打分，也可以先发放调查表，由村民打分后计算每个指标的平均得分，将每个指标的得分乘以权重并累加后，得出每种技术的适应性评价总分。

三种基础设施改善方案的综合评价结果如表1-3-4所示。

适宜技术综合评价结果表　　　　　　　表1-3-4

评价指标	权重	聚乙烯化粪池	砖砌及钢筋混凝土化粪池	小型净化槽
达到国际国内水平（B_1）	0.006	80	70	90
原理或技术先进（B_2）	0.014	80	70	90
非淘汰或限制类技术（B_3）	0.035	80	70	90
符合农村实际情况（B_4）	0.044	85	85	85
符合村域地域特征（B_5）	0.044	80	80	85
满足村民实际需要（B_6）	0.044	80	85	90
价格合理适中（B_7）	0.184	85	90	80
利润率不超过平均水平（B_8）	0.030	90	90	85
政府鼓励政策合理（B_9）	0.074	85	85	90
施工技术难度适度（B_{10}）	0.057	80	75	85
施工人员培训可及（B_{11}）	0.057	85	90	80
施工周期和成本可控（B_{12}）	0.056	85	85	80
村民接受程度（B_{13}）	0.037	85	90	85
村民主动推广程度（B_{14}）	0.091	85	90	80
实际使用效果（B_{15}）	0.226	85	80	85
综合	1.000	84.065	84.165	83.840
点评及建议		聚乙烯化粪池是传统化粪池的改进，技术水平有所提高，推荐采用	砖砌及钢筋混凝土化粪池经济性较好，建造成本低，被村民广泛接受，推荐采用	小型净化槽技术先进，随着住建部农村人居环境治理示范项目推进，逐步被村民接受，综合成本随规模化应用逐步下降，推荐采用

通过对以上聚乙烯化粪池、砖砌及钢筋混凝土化粪池、小型净化槽等三种方案的适宜性评价，结合村落实际情况和村民接受程度，最终将三种方案均作为推荐的适宜性技术，结合实际的传统村落保护与传承实施工程采纳使用。

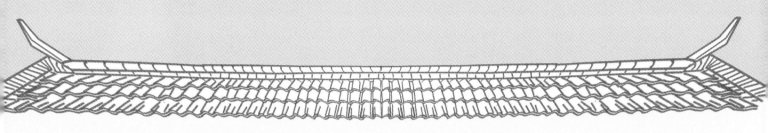

第2章

传统民居结构功能提升技术与产品

02

2.1 民居结构功能提升技术与产品综述

传统民居是指传统村落中以天然材料为建筑材料，以民间传统技艺方法营造而成，具有当地文化特色和技术特征的居住建筑。传统民居不同于古代官式建筑和宗教建筑，通常体量较小，用料节省，有浓郁的地方特色和民俗特征。

根据近年来国家各部委联合开展的全国传统村落调查情况，传统民居大多存在以下几个方面问题：

（1）我国传统民居多为土石砖木结构，容易遭受偶然自然灾害（如地震、洪灾、风灾等）的破坏，这是传统民居遭受拆毁、废弃的主要原因之一，全国农村危房率（包括局部危险与整体危房）高达30%左右，其中绝大多数为既有传统民居。由于安全性较差，近几十年来国内发生的历次较强烈度地震对传统民居均造成严重破坏。传统民居在历次灾害中的不佳表现，导致人们对其安全性能出现质疑，大量拆除改造在所难免。

（2）除偶然发生的自然灾害外，传统民居房屋在漫长的历史年代中，受环境介质缓慢侵蚀，材料性能劣化，承重墙体开裂，墙根碱蚀，地基下沉，屋面漏雨渗水，木构件腐烂，北方窑居建筑由于年久失修，病害严重，经常出现塌陷危险，最终遭到遗弃、空废。因此，传统民居的耐久性能亟待提升。

（3）除了安全耐久性差之外，相当数量的传统民居公共设施缺少自然通风，导致采光不足，潮湿阴暗等，居住功能低下，布局、面积等已经不能很好地适应现代生活的需要，导致原有建筑被任意改造，甚至推倒重建，造成了一些有价值的传统民居不复存在，导致无法挽回的损失。因此，在安全耐久性能提升的同时还应兼顾传统民居使用功能的拓展与建筑空间的合理优化。

（4）从技术层面看，对传统民居的保护与结构的安全性能提升尚缺乏适宜技术。例如在保护修复中没有很好地沿袭原有的建筑材料和传统工艺，损害了传统民居乃至整体传统村落的风貌延续，造成地方特色缺失。其次，传统民居不同于普通农房，也不同于文物建筑，对其保护尚没有相应的法规与技术标准。

民居保护是为了利用，在利用中才能体现保护的价值。传统民居结构安全性能提升的同时，应尽可能保持原有的建筑风格、风貌，对有些层级较高的古民居应尽可能保存现状或恢复原状，保存原来的建筑形制，保存原来的建筑结构，最好以原质（同质）修复材料与隐形加固等手段为主。原质修复材料的选择与性能改良提升尚应满足经济性的要求。

2.2 民居结构功能提升技术与产品

2.2.1 产品一 新型钢木夯土模板

一、工作原理

新型钢木夯土模板是在进行夯土墙体修复时研发形成的一种以钢木混合材料为主的模板。

传统夯土墙体模板系统有诸多缺点和不足之处：传统版筑模板系统使用操作简单，缺点是木板夯筑的墙体高度、长度尺寸小，且由于采用纯木制作，木板宜变形、宜损坏。传统椽筑模板系统由于采用圆木代替木板，因此夯筑的墙体表面凹凸不一，极不平整。

新型钢木夯土模板是根据试验以及模型建造研究，对传统模板体系的进一步改进。模板采用市面上常见的竹胶板与钢龙骨作为主要材料，配合穿墙螺杆与螺母等构件，具有自重轻、刚度大、安装拆卸方便的特点。

二、产品介绍（图2-2-1）

三、应用与效果分析

1. 应用案例

本产品在陕西、甘肃多个传统村落的农房修复过程中使用，应用本产品，加快了夯土墙的夯制，比传统夯土方法速度快、质量高（图2-2-2）。

2. 应用效果分析

本产品能够一次性夯筑"L"型墙，适用于山墙与前后墙拐角处夯筑施

1   2

图2-2-1 新型钢木夯土模板示意图

图2-2-2 新型钢木夯土模板应用示意图

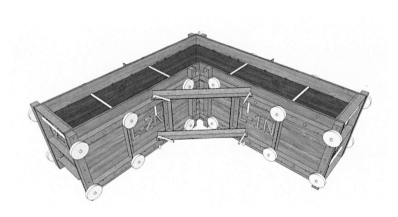

工，克服了传统模板引起的竖向接缝较多导致墙体整体性差、耐久性差的问题，其安装拆卸方便。同时，能够有效解决传统夯土模板夯筑出的墙体表面不平整的问题。刚度良好，能有效抵御夯筑冲击力。同时，施工精度高，能够满足按照模数施工及灵活调整尺寸等两种常规施工类型。

2.2.2 产品二 新型镁铝合金夯土模板

一、工作原理

新型镁铝合金夯土模板是另外一种以镁铝合金为主的新建和修复夯土墙体的模板。

该模板体系采用铝镁合金外框，竹胶板作为夯筑面板，具有重量轻、强度高、经久耐用的特点。同时在模板上以100为模数开设穿墙螺杆的孔洞，增加了使用时的灵活性。单块模板之间的连接采用欧洲模板体重中常用的卡具，组装效率较高。除了上述特点，设计还通过将模板长度标准化等减少模板类型数量，增强其通用性。

二、产品介绍（图2-2-3）

三、应用与效果分析

1. 应用案例

该产品与其他新型夯筑机具及施工技术一起形成新型夯土建造技术体系，并于会宁县丁沟乡郝川村示范点建设中进行实际运用。

项目总建设量为10户，建筑单体采用三开间的模式，房屋外墙均采用400毫米厚的新型夯土墙。夯土墙设原木构造柱，与下部混凝土圈梁及上部圈梁连接形成整体，有利于抗震，坡屋顶形式，设置外走廊，示范建设于2015年底完成（图2-2-4）。

3 | 4

图2-2-3　新型镁铝合金夯土模板示意图

图2-2-4　新型镁铝合金夯土模板应用示意图

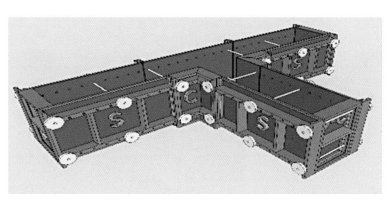

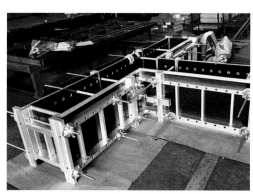

在示范建设的过程中，由于当地村民普遍具有传统夯筑的经验，通过这一实际操作的培训模式，很快便掌握了各种新技术的要领，并积累了充分的经验。通过现场实践以及持续改进，该技术体系已趋于成熟，并显现出较高的性价比和良好的地域适应性。

根据该地区完成的示范建设统计，按相同的结构安全标准和施工组织方式进行对比，村民自组织建设的新型夯土农宅的建造成本（所有人工和材料计入成本），平均仅为当地常规砖混房屋的2/3。

2. 应用效果分析

由于传统夯筑模板以及混凝土模板无法达到现代夯土夯筑强度以及精细度的要求，原推广过程中需每次依照要求单独进行模板加工。然而由于各地区加工水平存在较大差异，严重影响墙体夯筑质量。如果能够在专业工厂进行精细化加工则可以有效提高模板质量以及夯筑质量。其次，由于原加工夯筑模板加工多依照散件方式进行，加工成本较高，需每次耗费较大人力物力进行筹备，严重影响着推广效率及成本。如果能够按照产品方式进行统一加工，并使该过程实现市场化，则可以有效解决该问题。

2.2.3　产品三　气动夯锤

一、工作原理

为实现适宜的高夯击强度，经过市场遴选与试验，选用工矿施工常用的D9型气动捣固机，作为气动夯锤基础设备。而因为常规气动捣固机捣固头夯击面过小（仅有5~6厘米），夯击作业效率较低，改造后的气动夯锤通过在原捣固头端部通过焊接金属件来实现理想的夯击强度。

改造后的夯头有两种形式：一种为10厘米×10厘米×4厘米的方形钢板，同时适用于大面夯筑和边角夯筑；另一种为13厘米直径的半球形铸件，夯击后的夯土表面成波浪形态，尤其适用于对各夯土层之间咬接抗剪性能较高的高地震设防地区。通常，手工夯锤提供的夯击强度仅为0.2Mpa左右，而改造后的气动夯锤的夯击强度可达到前者的3~4倍。并且，气动夯锤可实现50~60次/分钟的夯击频率。因此单位时间内气动夯锤所给予夯土作业面的夯击能量为手工夯锤作业的150倍以上，而且气动夯锤仅需手持操作，高效省力。

二、产品介绍（图2-2-5）

三、应用与效果分析

1. 应用案例

本产品在陕西、甘肃、宁夏等多个传统村落的民房改造和新建过程中使用（图2-2-6）。

2. 应用效果分析

气动夯锤是针对传统建筑夯土墙力学和耐久性能普遍较差、施工质量和灵活度较差等

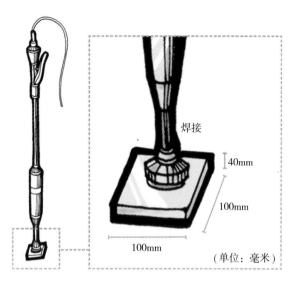

常见问题，基于国际成熟的夯土材料优化原理和我国村镇地区市场既有的常规材料，研究开发出的一整套现代夯土施工技术体系，以及相应的施工机具。通过本产品的应用，能够大幅度提升夯土墙力学性能、耐久性能，以及施工灵活性和施工效率，满足当前我国村镇地区传统夯土危旧房改造和更新、传统村落及民居保护修缮、现代夯土民用建筑等工程实践中对夯土墙施工的多元化需求。

图2-2-5　气动夯锤示意图
图2-2-6　气动夯锤应用示意图

2.2.4　产品四　保温夯土墙

一、工作原理

保温夯土墙是对传统夯土墙的保温性能改进后形成的一种夯土墙体产品。

传统夯土建筑蓄热性能较好但导热系数仍然较大，不加任何保温措施的情况下是无法满足部分地区节能设计要求的采用内保温墙做法，保温夯土墙既保留了夯土建筑外观风貌，又解决了节能保温问题（图2-2-7）。

二、应用与效果分析

1. 应用案例

新型夯筑机具及施工技术一起形成新型夯土建造技术体系，并于会宁县丁沟乡郝川村示范点建设中进行实际运用。

图2-2-7　保温夯土墙结构示意图

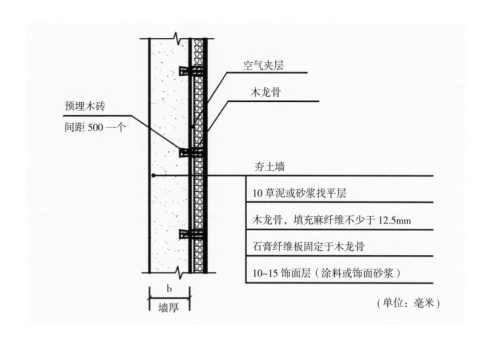

空气夹层

木龙骨

预埋木砖
间距 500 一个

夯土墙

10 草泥或砂浆找平层

木龙骨，填充麻纤维不少于 12.5mm

石膏纤维板固定于木龙骨

10~15 饰面层（涂料或饰面砂浆）

b
墙厚

（单位：毫米）

该示范项目总建设量为10户，建筑单体采用三开间的模式，房屋外墙均采用400毫米厚的新型夯土墙。夯土墙设原木构造柱，与下部混凝土圈梁及上部圈梁连接形成整体，有利于抗震，坡屋顶形式，设置外走廊，示范建设于2015年底完成（图2-2-8）。

在示范建设的过程中，研发人员不定期前往现场，在进行技术指导的同时，随时针对施工中产生的技术问题进行优化改进。由于当地村民普遍具有传统夯筑的经验，通过这一实际操作的培训模式，他们很快便掌握了各种新技术的要领，并积累了充分的经验。通过现场实践以及持续改进，该技术体系已趋于成熟，并显现出较高的性价比和良好的地域适应性。根据该地区完成的示范建设统计，按相同的结构安全标准和施工组织方式进行对比，村民自组织建设的新型夯土农宅的建造成本（所有人工和材料计入成本），平均仅为当地常规砖混房屋的2/3（图2-2-9、图2-2-10）。

图2-2-8　保温夯土墙应用示意图
图2-2-9　产品应用村落示意图
图2-2-10　保温夯土墙应用村落
　　　　　农房建设示意图

2. 应用效果分析

保温夯土墙是针对传统建筑夯土墙力学、耐久性能普遍较差，施工质量和灵活度较差等常见问题而研究开发出的夯土墙体。通过不断实践应用，大幅度提升了夯土墙的力学性能、耐久性能，以及施工灵活性和施工效率，满足了当前我国村镇地区传统夯土危旧房改造和更新、传统村落及民居保护修缮、现代夯土民用建筑等的多元化需求。

2.2.5 产品五 一种夯土墙与砌块墙的连接节点

一、工作原理

夯土民居就地取材，造价低廉，在我国西部地区贫困乡村中广泛运用。夯土民居也是传统特色村落的重要组成部分。随着科学技术的发展与应用，已有抗震夯土墙技术在新农村抗震民居中使用，抗震夯土墙外维护墙有着很好的保温隔热性能。但是在使用过程中，室内隔墙也采用夯土墙使得建筑室内使用面积减少，且费工费时。所以，有必要针对这一问题的不足，提出改进技术，减轻施工强度，进而为抗震夯土墙的大力推广打下基础。

本实用新型的技术方案包括钢筋混凝土条形基础①、夯土墙②、曲尺状抗裂网③、水平拉结钢筋Ⅰ④、箍筋⑤、竖向螺纹钢筋⑥、水平拉结钢筋Ⅱ⑦、构造柱⑧、马牙槎⑨、砌块墙⑩（图2-2-11）。

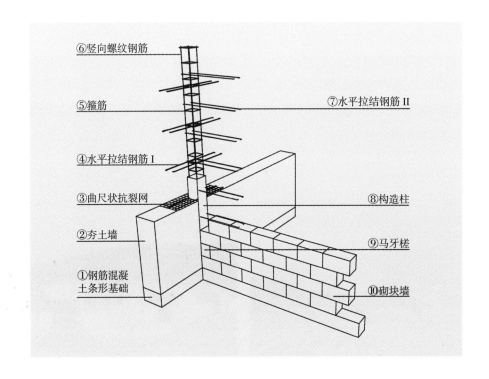

图2-2-11 夯土墙与砌块墙的连接节点示意图

将构造柱⑧的竖向螺纹钢筋⑥和箍筋⑤在混凝土条形基础①上固定成构造柱⑧的钢筋骨架，再进行水平拉结钢筋Ⅰ④、水平拉结钢筋Ⅱ⑦的固定；在钢筋混凝土条形基础①上的夯土墙②每夯筑一定高度，在夯土墙②上构造柱⑧的周围水平铺上曲尺状抗裂网③；在钢筋混凝土条形基础①上的轻质水泥砌块墙⑩与构造柱⑧连接处每隔一定距离预留马牙槎⑨的位置；将混凝土沿马牙槎⑨的预留孔洞的位置灌注到构造柱⑧的钢筋骨架与轻质水泥砌块墙⑩的预留马牙槎⑨预留孔洞内形成构造柱⑧与马牙槎⑨。

在夯土墙②与砌块墙⑩交汇处设置现浇混凝土构造柱⑧竖向钢筋⑥预埋在钢筋混凝土条形基础①上。

所述水平拉结钢筋Ⅰ④在夯土墙②内末端呈直角，在构造柱⑧末端处回弯，直接钩住竖向螺纹钢筋⑥。其为两根直径为6毫米的螺纹钢筋垂直间距不大于500毫米，伸入夯土墙②内的长度不小于700毫米。

所述水平拉结钢筋Ⅱ⑦在轻质水泥砌块墙⑩内末端呈直角，在构造柱⑧末端处回弯，直接钩住竖向螺纹钢筋⑥。其为两根直径为6毫米的螺纹钢筋垂直间距不大于500毫米，伸入轻质水泥砌块墙⑩内的长度不小于700毫米。

所述曲尺状抗裂网③在中部预留构造柱⑧位置，在夯土墙②每夯筑一定高度水平铺设，其深入夯土墙②的距离不小于夯土墙的厚度。

所述构造柱⑧在夯土墙②夯筑完毕与轻质水泥砌块墙⑩砌筑完毕，再在马牙槎⑨的预留孔洞的位置灌注混凝土，其马牙槎⑨的高度不大于300毫米，伸入墙体内的距离为60~120毫米。

二、应用与效果分析

1. 应用案例

本产品在云南新平傣族夯土客栈和云南昆明苗族夯土民居建造过程中得到应用（图2-2-12、图2-2-13）。

12 | 13

图2-2-12 云南新平傣族夯土客栈
应用场景图

图2-2-13 云南昆明苗族夯土民居
应用场景图

2. 应用效果分析

通过实际的示范应用，总结出一种夯土墙与砌块墙的连接节点技术产品的有益效果是：保证了墙体的整体性，增强了节点连接，提高了墙体整体抗震性能，节约模板，夯土墙与构造柱的抗裂网加强构造柱对夯土墙的削弱处加强拉结，夯土墙与构造柱之间的钢筋提高了夯土墙与构造柱的纵向拉结。

2.2.6 产品六 一种采用砖柱和配筋砂浆带加固的夯土墙

一、工作原理

夯土墙的两端均包裹有砖柱，夯土墙的两侧开设有凹槽，凹槽位于两个砖柱之间，配筋砂浆带的内侧嵌入所述凹槽内，配筋砂浆带截面宽度大于凹槽的深度，其中设置有水平钢筋，所述水平钢筋的两端分别伸入位于夯土墙两端的砖柱中并压紧于砖柱内（图2-2-14）。

二、应用与效果分析

1. 应用案例

该项产品应用通过试验结果证明竖向插筋优化了墙体的抗剪性能，以往试验中墙根常与基础脱离被抬起。本产品进行部分在基础中预埋钢筋，墙角部采用钢筋与基础相连，解决基础与墙根的连接薄弱问题。完成了传统建材与现代建材组合墙体试验，优化了墙体构造，解决了基础与墙体等节点连接问题（图2-2-15）。

2. 应用效果分析

该产品结构简单，造价低廉，对夯土墙体的抗震性能提高显著，通过在夯

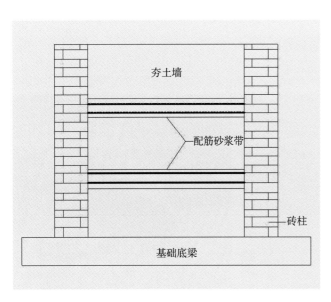

图2-2-14 砂浆带加固的夯土墙示意图

图2-2-15 砂浆带加固的夯土墙应用示意图

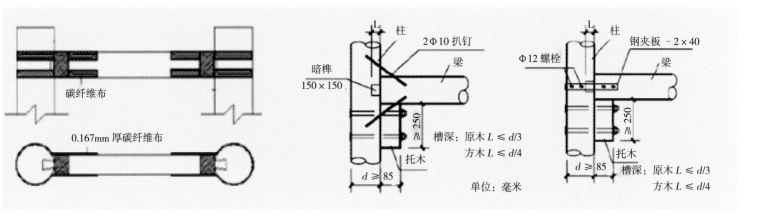

碳纤维布

0.167mm 厚碳纤维布

L 柱
暗榫
150×150
2Φ10 扒钉
梁
≥250
托木
d≥85
槽深：原木 L≤d/3
方木 L≤d/4
单位：毫米

L 柱
Φ12 螺栓
钢夹板 -2×40
梁
≥250
托木
d≥85
槽深：原木 L≤d/3
方木 L≤d/4

图2-2-16　隼牟加固构件示意图

图2-2-17　隼牟加固构件结构示意图

土墙两端包裹砖柱，并设置配筋砂浆带，使配筋砂浆带中的水平钢筋两端分别伸入位于夯土墙两端的砖柱中并压紧于砖柱内，能够很好地加固夯土墙，相比传统生土结构夯土墙体，墙体的抗剪承载力提高，延性和整体性加强，抗震性能较好。

2.2.7　产品七　隼牟加固构件

一、工作原理

隼牟加固构件是先将榫头腐朽部分凿掉，将榫头节点区域的外表面用丙酮清洗干净，然后用纤维布沿梁的纵向包住节点区域，并在梁端加一至两道环形纤维布箍住，防止纤维布与木材界面发生开裂，用耐水性黏结剂将纤维布与木材黏牢，并将新木块嵌入卯口，用黏结剂黏牢，或者用扒钉直接固定，扁钢外包并用螺栓固定，再加角钢对节点进行附加支撑（图2-2-16、图2-2-17）。

二、应用与效果分析

1. 应用案例

本产品在吉林市乌拉街后府修复改造示范点进行了使用，吉林市乌拉街后府是具有官式满族传统民居特色的"后府"，位于吉林市龙潭区乌拉街满族镇（简称乌拉街镇）永康路南，是打牲乌拉总管、三品翼领云生的私人府邸。原主体建筑为二进四合院，现今"后府"遗址仅保留了北侧的主房以及西侧的厢房两栋建筑，本示范的目的是利用本课题研发的营建工艺对这两栋建筑进行抢救和修复（图2-2-18）。

图2-2-18　隼牟加固构件应用示意图

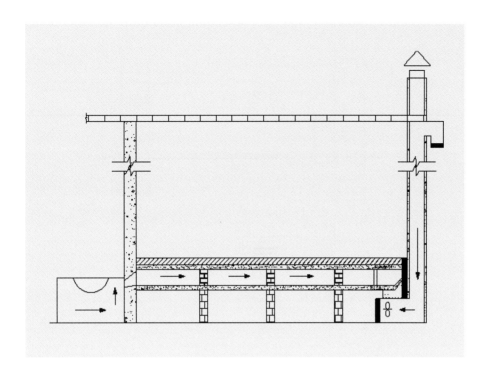

2. 应用效果分析

传统民居建筑中的木结构梁柱节点多采用直榫和燕尾榫的连接方式，榫与卯之间留有一定缝隙。但随时间的推移，一方面建筑构件互相挤压，使得卯口逐渐变宽，节点松动，复杂的受力状态使得节点处发生拔榫现象；另一方面，榫头年久失修，节点松动。本产品的研发解决了以上这些问题。

图2-2-19　北方农村烟道型复合墙体构造示意图

2.2.8　产品八　北方农村烟道型复合墙体

一、技术方案

北方农村烟道型复合墙体解决了现有技术中北方农村冬季采暖能耗高、热效率低、室内污染严重及室内热舒适差的问题。

"S"形的复合墙体内烟道设置在东西山墙内部，东西山墙由承重外叶墙和内叶墙构成，复合墙体内烟道的内壁设有防火贴面板，复合墙体内烟道与承重外叶墙之间设有外保温墙，内叶墙由立斗砖和内保温墙构成，内保温墙靠近复合墙体内烟道，复合墙体内烟道内每隔一米沿复合墙体内烟道的宽度方向设置拉结钢筋，复合墙体内烟道的上端与烟囱连通，复合墙体内烟道的下端与炕梢烟气进口连通，炕梢烟气进口与炕头烟气进口通过火炕烟道连通，火炕烟道通过炕头烟气进口与炕灶连通，烟囱的排烟口与炕梢烟气进口呈对角设置（图2-2-19、图2-2-20）。

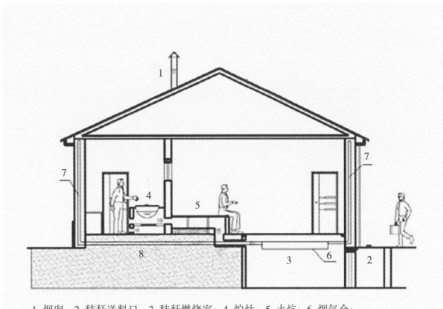

1-烟囱；2-秸秆送料口；3-秸秆燃烧室；4-炉灶；5-火炕；6-烟气仓；
7-墙体烟道夹层；8-夯实黏土层

二、应用与效果分析

1. 应用案例

根据北方农村墙体的特点，利用墙体夹层空腔构成烟道，热烟气在墙体内热湿输运，烧火时，开启烟气挡风闸板，能够避免烟气倒烟回流，以回收烟气余热，降低采暖能耗，提高得热效率，避免室内烟气污染；不烧火时，关闭烟气挡风闸板，烟道能构成封闭的气体空腔，将气体传热性能降到最低（图2-2-21）。

2. 应用效果分析

通过应用对比得出，本复合墙体合理地利用封闭空腔热惰性，达到保温隔湿目的，提高室内热舒适度，在北方地区比较适用。

第 3 章

新型民居建造技术与产品

03

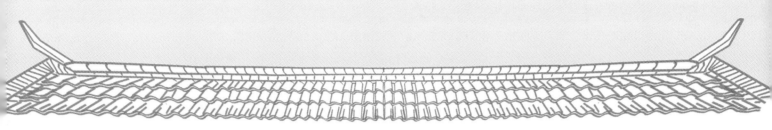

3.1 新型民居建造技术与产品综述

传统村落内的新型民居建设，需要综合考虑到村民对美好人居生活的诉求，走绿色、低碳之路，在符合本地房屋风俗、习惯的基础上，将更多科技先进、经济性高的技术和产品应用到农房建设过程，提高农村居民的生活水平。

新型民居的建设，需要不断推广应用节能建材、节能门窗、节能洁具等新材料、新产品，大力推广采用应用轻钢结构、装配式住宅等新结构体系，充分利用太阳能、生物能等清洁能源技术，形成高效、清洁的建筑采暖系统，建设绿色农房。

传统村落里面的新型民居建设，除了遵循农房建设的一般规律外，更要与传统村落的整体风貌相互协调，在材料和工艺的选用上，尽量采用原生材料和传统工艺创新。

3.2 新型民居建造技术与产品

3.2.1 技术一 新型轻钢集成建筑

中国传统的民居建造形式是砖木结构，但是，随着国家对环境保护的重视，红砖房虽然在一些地区还会见到，大多数地区已经明令禁止使用红砖建房了。这种情况下，环保节能的轻钢房屋钢结构能重复使用，是国家比较倡导使用的建房材料。

轻钢结构住宅是以冷弯成型的薄壁型钢结构作为承重骨架，以轻型墙体材料作为围护结构所构成的居住类建筑。在美国、日本、澳大利亚等发达国家，轻钢结构建筑体系早已用于住宅建筑，如在美国轻钢结构住宅已占普通住宅的25%左右，且技术已经比较成熟。

与传统砖混、钢混结构相比，轻钢结构别墅房屋体系具有抗震、抗飓风、环保、节能、结构自重轻、基础承载力要低、有效使用面积高等优点，轻钢结构房屋体系的综合经济指标要优于传统的钢筋混凝土结构，其保温、隔音性能远优于钢筋混凝土结构。正是由于该结构体系具有如此多的优点，轻钢结构房屋体系必然成为我国乡村低层建筑结构的重要形式之一（图3-2-1～图3-2-3）。

1
——————
2
——————
3

图3-2-1　新型轻钢集成建筑全
屋示意图
（图片来源：网络）

图3-2-2　新型轻钢集成建筑
（多栋）示意图
（图片来源：网络）

图3-2-3　新型轻钢集成建筑内
部结构示意图
（图片来源：网络）

轻钢住宅建造技术是在北美式样木结构建造技术的基础上演变而来的，经过百年以上的发展，已形成了物理性能优异、空间和形体灵活、易于建造、形式多样的成熟建造体系。在北美大陆，有95%以上的低层民用建筑，包括住宅、商场、学校、办公楼等均使用木结构或轻钢结构建造（图3-2-4、图3-2-5）。

中国钢铁工业的产量已居于世界前列，但钢材在建筑业的使用比例远低于发达国家的水平，轻钢结构低层民用住宅建筑技术符合国家对建筑业的产业导向。

轻钢住宅的技术及产品配置非常成熟，产业化程度高，是北美近百年建筑技术和建材工业发展的结晶。建筑结构使用的镀锌钢板抗腐蚀性能优异，经久耐用，其在正常使用情况下的使用年限为275年。

一、建筑特性

相对于传统住宅结构体系，轻钢结构住宅具有以下特点：

（1）施工速度快，建设周期短；

（2）材料轻质高强，抗震性能好，安全性高；

（3）空间布置灵活，能满足住户的多功能要求；

（4）可实现住宅建设的工业化和产业化。

其在节地方面的主要特点是：

（1）结构自重轻，基础施工取土量少，对土地资源破坏小；

（2）构件面积小，围护结构厚度小，能增加建筑的使用面积。

轻钢结构是一种年轻而极具生命力的钢结构体系，已广泛应用于一般工农业、商业、服务性建筑，还可用于旧房增层、改造、加固和建材缺乏地区、运输不便地区、工期紧、活动式可拆迁建筑等（图3-2-6）。其主要有以下特点：

图3-2-4　**传统美式农村社区示意图**
（图片来源：网络）

图3-2-5　**传统美式轻钢房屋示意图**
（图片来源：网络）

（1）采用高效轻型薄壁型材，自重轻、强度高、占用面积小；

（2）基础以上干式工法，没有湿作业，内装饰等易于一次到位。型材经过镀锌、涂层后外观优美且防腐，有利于减少围护和装修费用；

（3）结构设计、详图设计、计算机模拟安装、工厂制造、工地安装等以较小时间差同步进行；

（4）基础以上干式工法，没有湿作业，内装饰等易于一次到位。型材经过镀锌、涂层后外观优美且防腐，有利于减少围护和装修费用；

（5）便于扩大柱距和提供更大分隔空间，可降低层高和增加建筑面积（住宅实用面积可达92%），在增层、改造、加固方面优势明显；

（6）室内水暖电气管线全部隐蔽在墙体中和楼层间，布置灵活，修改方便；

（7）新墙材应用范围广，大量使用采光带，通风条件好；

（8）房子可以搬迁、材料可全部回收利用，不会造成垃圾，符合可持续发展战略。

二、楼面构造

轻钢结构房屋的楼面一般由冷弯薄壁型钢架或组合梁、楼面OSB结构板，以及支撑、连接件等组成，所用的材料是定向刨花板、水泥纤维板，以及胶合板。在这些轻质楼面上每平方米可承受316～365公斤的荷载。轻钢别墅的楼面结构体系重量仅为国内传统的混凝土楼板体系的1/4～1/6，但其楼面的结构高度将比普通混凝土板高100～120毫米（图3-2-7）。

6 | 7

图3-2-6　新型轻钢集成建筑全屋骨架示意图
（图片来源：网络）

图3-2-7　轻钢结构房屋一般楼面构造图

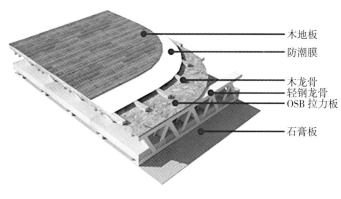

木地板
防潮膜
木龙骨
轻钢龙骨
OSB拉力板
石膏板

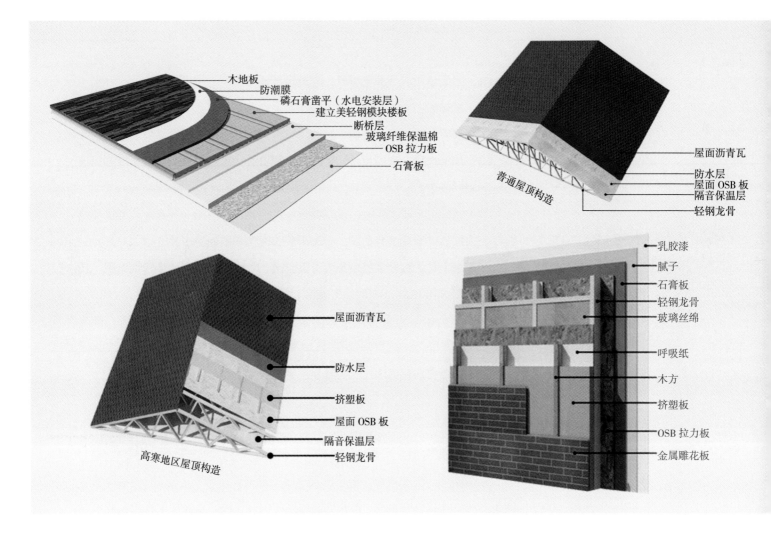

木地板
防潮膜
磷石膏凿平（水电安装层）
建立美轻钢模块楼板
断桥层
玻璃纤维保温棉
OSB 拉力板
石膏板

普通屋顶构造

屋面沥青瓦
防水层
屋面 OSB 板
隔音保温层
轻钢龙骨

屋面沥青瓦
防水层
挤塑板
屋面 OSB 板
隔音保温层
轻钢龙骨

高寒地区屋顶构造

乳胶漆
腻子
石膏板
轻钢龙骨
玻璃丝绵
呼吸纸
木方
挤塑板
OSB 拉力板
金属雕花板

在实际应用过程中，传统露面结构逐步演化成为多功能集成式露面结构体系（图3-2-8）。

三、屋面系统

轻钢结构房屋的屋面系统可由屋架、结构OSB面板、防水层、轻型屋面瓦（金属或沥青瓦）组成。轻钢结构的屋面，外观可以有多种组合，材料也有多种。在保障了防水这一技术的前提下，外观有了许多的选择方案（图3-2-9、图3-2-10）。

四、墙体构造

轻钢结构房屋的墙体主要由墙架柱、墙顶梁、墙底梁、墙体支撑、墙板和连接件组成。

轻钢结构房屋一般将内横墙作为结构的承重墙，墙柱为C形轻钢构件，其壁厚根据所受的荷载而定，通常为0.84～2毫米，墙柱间距一般为400～600毫米，这种墙体结构布置方式，可有效承受并可靠传递竖向荷载，且布置方便（图3-2-11～图3-2-13）。

8	9
10	11

图3-2-8　**轻钢结构房屋集成楼面构造图**

图3-2-9　**轻钢结构房屋一般屋面构造图**

图3-2-10　**轻钢结构房屋集成屋面构造图**

图3-2-11　**轻钢结构房屋一般墙体构造图**

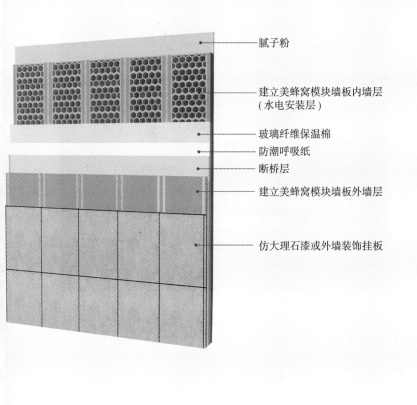

膩子粉

建立美蜂窝模块墙板内墙层
（水电安装层）

玻璃纤维保温棉

防潮呼吸纸

断桥层

建立美蜂窝模块墙板外墙层

仿大理石漆或外墙装饰挂板

图3-2-12 **轻钢结构房屋蜂窝模块墙体构造图**

图3-2-13 **轻钢结构房屋蜂窝模块墙体**

五、保温、防火与隔声

1. 保温技术

轻钢结构房屋为确保达到保温效果，在建筑物的外墙和屋面中使用的保温隔热材料能长期使用并能保温隔热。除了在墙的墙柱间填充玻璃纤维外，在墙外侧再贴一层保温材料，有效隔断了通过墙柱至外墙板的热桥；楼层之间格栅内填充玻璃纤维，减少通过楼层的热传递；所有内墙墙体的墙柱之间均填充玻璃纤维，减少户墙之间的热传递。

2. 防火技术

轻钢结构房屋解决的一个最关键的问题是加强了防火技术的应用。轻钢别墅在墙的两侧与楼盖的天花处贴防火石膏板，对于普通防火墙和分户墙用25.4毫米厚石膏板保护，以达到1个小时的防火要求，另外在墙体墙柱间与楼盖格栅间填充的玻璃纤维对于防火与热传递也起到了积极的保护作用。

3. 隔声技术

轻钢结构房屋在内外墙及楼盖格栅间填充玻璃棉，有效阻止了通过空气传播的音频部分（图3-2-14）。

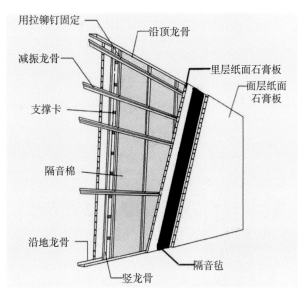

3.2.2 技术二 光伏建筑一体化技术

光伏建筑一体化（BIPV，即Building Integrated PV，PV即Photovoltaic）是一种将太阳能发电（光伏）产品集成到建筑上的技术。光伏建筑一体化（BIPV）不同于光伏系统附着在建筑上（BAPV，即Building Attached PV）的形式。光伏建筑一体化可分为两大类：一类是光伏方阵与建筑的结合；另一类是光伏方阵与建筑的集成。如光电瓦屋顶、光电幕墙和光电采光顶等。在这两种方式中，光伏方阵与建筑的结合是一种常用的形式，特别是与建筑屋面的结合。

随着《京都议定书》的正式生效，如何实现环境保护的可持续发展成为全球最强的呼声。中国作为发展中国家，能源消耗逐年以惊人的速度增长，而建筑作为能耗大户（发达国家的建筑能耗一般占到全国总能耗的1/3以上），其节能效益则变得尤其重要，BIPV因此成为21世纪建筑及光伏技术市场的热点。

日本在推广光伏建筑一体化方面走在世界前列。日本经济产业省资源能源厅2015年公布了日本普及能源消费量实际为零的"零能源"节能住宅的进度表，计划到2020年，超过半数的日本新建住宅，将达到零能源住宅的标准。零能耗住宅（ZEH，Zero Energy Home）隔热性强，拥有卓越的节能性能，通过自身的太阳能发电，来供给能源。空调、热水消耗的能源，与太阳能等产生的能源，以及节能削减效果，来达到平衡（图3-2-15、图3-2-16）。

图3-2-14 轻钢住宅墙体隔音板示意图
（图片来源：网络）

图3-2-15 日本零能耗住宅（ZEH）示意图
（图片来源：网络）

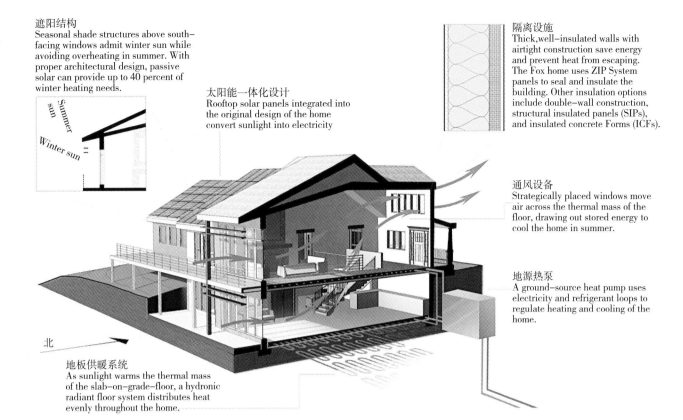

遮阳结构
Seasonal shade structures above south-facing windows admit winter sun while avoiding overheating in summer. With proper architectural design, passive solar can provide up to 40 percent of winter heating needs.

Summer sun

Winter sun

太阳能一体化设计
Rooftop solar panels integrated into the original design of the home convert sunlight into electricity

隔离设施
Thick, well-insulated walls with airtight construction save energy and prevent heat from escaping. The Fox home uses ZIP System panels to seal and insulate the building. Other insulation options include double-wall construction, structural insulated panels (SIPs), and insulated concrete Forms (ICFs).

通风设备
Strategically placed windows move air across the thermal mass of the floor, drawing out stored energy to cool the home in summer.

地源热泵
A ground-source heat pump uses electricity and refrigerant loops to regulate heating and cooling of the home.

北

地板供暖系统
As sunlight warms the thermal mass of the slab-on-grade-floor, a hydronic radiant floor system distributes heat evenly throughout the home.

图3-2-16　**日本零能耗住宅原理示意图**
（图片来源：网络）

　　BIPV作为庞大的建筑市场和潜力巨大的光伏市场的结合点，必将存在着无限广阔的发展前景。可以预计，光伏与建筑相结合是未来光伏应用中最重要的领域之一，其发展前景十分广阔，并且有着巨大的市场潜力。

一、结合方式

　　根据光伏方阵与建筑结合的方式不同，太阳能光伏建筑一体化可分为两大类：建筑与光伏器件相结合和建筑与光伏系统相结合。

　　1. 建筑与光伏器件相结合

　　建筑与光伏的进一步结合是将光伏器件与建筑材料集成化。一般的建筑物外围护表面采用涂料、装饰瓷砖或幕墙玻璃，目的是为了保护和装饰建筑物。如果用光伏器件代替部分建材，即用光伏组件来做建筑物的屋顶、外墙和窗户，这样既可用做建材也可用以发电，可谓物尽其美。对于框架结构的建筑物，可把其整个围护结构做成光伏阵列，选择适当光伏组件，既可吸收太阳直射光，也可吸收太阳反射光。目前已经研制出大尺度的彩色光伏模块，可以实现以上目的，使建筑外观更具魅力（图3-2-17）。

2. 建筑与光伏系统相结合

与建筑相结合的光伏系统，可以作为独立电源或者以并网的方式供电，当系统参与并网时，可以不需要蓄电池。但需要与电网的装置，而与并网发电是当今光伏应用的新趋势。将光伏组件安装在建筑物的屋顶或外墙，引出端经过控制器与公共电网相连接需要向光伏阵列及电网并联向用户供电，这就组成了并网光伏系统（图3-2-18）。

二、设计要求

1. 光伏组件性能

作为普通光伏组件，只要通过IEC61215的检测，满足抗130km/h（2400Pa）风压和抗25毫米直径冰雹23m/s的冲击要求。用作幕墙面板和采光顶面板的光伏组件，不仅需要满足光伏组件的性能要求，同时要满足幕墙的三性实验要求和建筑物安全性能要求，因此需要有更高的力学性能和采用不同的结构方式。

2. 建筑美学要求

BIPV建筑首先是一个建筑，建筑物对光影要求甚高，但普通光伏组件所用的玻璃大多为布纹超白钢化玻璃，其布纹具有磨砂玻璃阻挡视线的作用。如果BIPV组件安装在住宅的采光处，这个位置需要光线通透，这时就要采用光面超白钢化玻璃制作双面玻璃组件，用来满足建筑物的功能，同时为了节约成本，电池板背面的玻璃可以采用普通光面钢化玻璃。

3. 结构性能配合

在设计BIPV建筑时要考虑电池板本身的电压、电流是否方便光伏系统设备选型，但是建筑物的外立面有可能是一些大小、形式不一的几何图形组成，这会造成组件间的电压、电流不同，这个时候可以考虑对建筑立面进行分区及调整分格，使BIPV组件接近标准组件电学性能，也可以采用不同尺寸的电池片来满足分格的要求，以最大限度地满足建筑物外立面效果。另外，还可以将少数边角上的电池片不连接入电路，以满足电学要求。

17　│　18

图3-2-17　建筑光伏一体化应用——汉能瓦
（图片来源：网络）

图3-2-18　建筑光伏一体化应用——光伏屋顶
（图片来源：网络）

三、建筑形式

光伏建筑一体化适合大多数建筑，如平屋顶、斜屋顶、幕墙、天棚等形式都可以安装。除了普遍的光伏屋顶之外，光伏与建筑的结合还可以有以下几种形式：

1. 太阳能墙

美国建筑专家发明的太阳能墙，是在建筑物的墙体外侧装一层薄薄的黑色打孔铝板，能吸收照射到墙体上的80%的太阳能量。被吸入铝板的空气经预热后，通过墙体内的泵抽到建筑物内，从而就能节约中央空调的能耗（图3-2-19）。

2. 太阳能窗

德国科学家发明了两种采用光热调节的玻璃窗。一种是太阳能温度调节系统，白天采集建筑物窗玻璃表面的暖气，然后把这种太阳能传递到墙和地板的空间存储，到了晚上再放出来；另一种是自动调整进入房间的阳光量，如同变色太阳镜一样，根据房间设定的温度，窗玻璃或是变成透明或是变成不透明（图3-2-20）。

3. 太阳能房屋

德国建筑师建造了一座能在基座上转动跟踪阳光的太阳能房屋。该房屋安装在一个圆盘底座上，由一个小型太阳能电动机带动一组齿轮，使房屋底座在环形轨道上以每分钟转动3厘米的速度随太阳旋转。这个跟踪太阳的系统所消耗的电力仅为该房太阳能发电功率的1%，而该房太阳能发电量相当于一般不能转动的太阳能房屋的两倍（图3-2-21）。

| 19 | 20 |

图3-2-19　**太阳能墙示意图**
（图片来源：网络）

图3-2-20　**太阳能窗示意图**
（图片来源：网络）

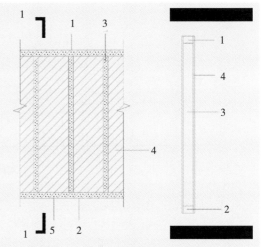

1-上边框；2-下边框；3-竖向墙骨柱；4-斜向竹条；
5-双向正交斜放竹条预制墙板

3.2.3 产品一 一种外层板面采用弧形竹条的预制墙板

一、工作原理

传统竹建筑技术不耐久、居住质量不佳，即便在竹材资源丰富的农村地区，建造竹楼的传统已接近消失。农村住宅更多采用木结构或砖混结构，既破坏森林资源，又加剧二氧化碳排放，必须开展以竹代木、以竹代钢筋水泥的研究示范，竹条预制墙板这一专利技术抗震性能好，可用于农村新型竹楼建设。

借鉴轻型木结构技术，把标准竹条分别以45度角的倾斜方向，钉接铺设在木骨架上，形成模数化、系列化的预制竹墙板（图3-2-22）；通过标准化的建筑设计以及模数化、工厂化的部品生产，实现竹建筑结构部件的通用化和现场施工的装配化、机械化（结构）。

二、产品图样（图3-2-23～图3-2-25）

三、应用与效果分析

1. 应用案例

竹条预制墙板分别在一个粪尿分集生态厕所和一个乡村餐厅中进行了实验建设，其结构墙体采用本产品的专利技术，构筑的一种外层板面采用弧形竹条的预制竹墙板（图3-2-26）。

2. 应用效果分析

通过标准化的建筑设计以及模数化、工厂化的部品生产，实现竹建筑结构部件的通用化和现场施工的装配化、机械化（结构），解决了传统竹结构建筑构件耐久性差和质量不高的问题，在竹资源比较丰富的地区，具有很大的推广价值。

图3-2-21 太阳能被动式房屋示意图（图片来源：网络）

图3-2-22 双向正交斜放竹条预制墙板结构示意图

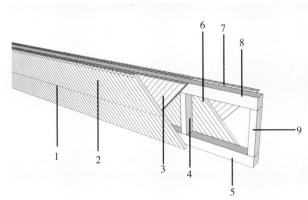

1- 格栅
2- 木骨架左侧外层竹片
3- 木骨架左侧内层竹片
4- 木骨架内撑
5- 下部纵向木骨架
6- 木骨架右侧内层竹片
7- 木骨架右侧外层竹片
8- 上部纵向木骨架
9- 边缘竖向木骨架

3.2.4 产品二 一种双向正交短竹条敷面楼面格栅

一、工作原理

楼面格栅是装配式竹结构和轻型木结构主要的楼面承重构件。本产品应用新型楼面格栅技术，用小截面锯材作为楼面格栅骨架，把短竹片按45度倾角用气钉固定在骨架两侧，形成楼面格栅腹板，进而形成竹木复合楼面格栅。

本技术简单易行，用短竹片和小截面锯材组合成具有较大跨越能力和较高承载力的楼面格栅，可以降低轻型木结构的造价，推动装配式竹木结构的发展（图3-2-27）。

二、产品介绍（图3-2-28、图3-2-29）

三、应用与效果分析

1. 应用案例

本产品在云南省普洱市新型竹建筑技术应用示范点，将该技术在游客接待中心项目中应用（图3-2-30）。

2. 效果分析

轻型竹建筑楼面梁采用实木梁，木材消耗量大，造价高，该产品的研发减少了木材使用，降低结构造价。本技术简单易行，用短竹片和小截面锯材组合

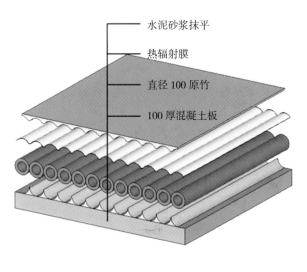

水泥砂浆抹平

热辐射膜

直径 100 原竹

100 厚混凝土板

28	29
30	31

图3-2-28 双向正交短竹条敷面楼面格栅加工过程

图3-2-29 双向正交短竹条敷面楼面格栅产品

图3-2-30 斜竹条楼面格栅应用示意图

图3-2-31 原竹隔热屋面产品构造示意图

成具有较大跨越能力和较高承载力的楼面格栅，可以降低轻型木结构的造价，推动装配式竹木结构的发展。

3.2.5　产品三　一种带热反射膜的保温隔热原竹屋面

一、工作原理

住房和城乡建设部《建筑节能与绿色建筑发展"十三五"规划》明确提出，要紧密结合农村实际，总结出符合地域及气候特点、经济发展水平、保持传统文化特色的乡土绿色节能技术。针对夏热冬暖地区现有农村住宅屋面隔热性能差的现状，课题组研发了适用于夏热冬暖地区农村经济技术条件的基于原竹利用的屋面隔热产品。

借鉴轻型木结构技术，把标准竹条分别以45度角的倾斜方向，钉接铺设在木骨架上，形成模数化、系列化的预制竹墙板；通过标准化的建筑设计以及模数化、工厂化的部品生产，实现竹建筑结构部件的通用化和现场施工的装配化、机械化（图3-2-31）。

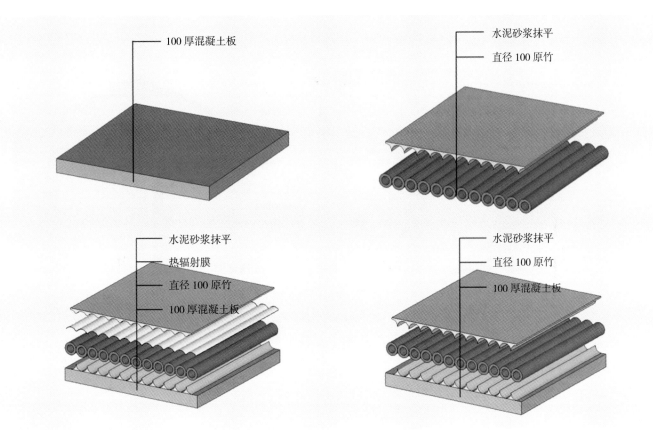

100 厚混凝土板

水泥砂浆抹平
直径 100 原竹

水泥砂浆抹平
热辐射膜
直径 100 原竹
100 厚混凝土板

水泥砂浆抹平
直径 100 原竹
100 厚混凝土板

图3-2-32　样本1、样本2构造示意图

图3-2-33　样本3、样本4构造示意图

为比较不同构造隔热能力，制作了四个不同的屋面构造样本（图3-2-32、图3-2-33）：

不同实验样本的测定结果见表3-2-1，由表可以看出：在太阳直接照射的同等环境下，现浇钢筋混凝土板的上下表面平均温差为0.51℃，隔热能力很差；原竹+水泥砂浆找平屋面的上下表面的平均温差为6.23℃，该种构造属于轻质屋面，具有一定的隔热能力；混凝土板+原竹+水泥砂浆找平屋面上下表面的平均温差为12.45℃，重质屋面和原竹隔热材料的组合产生了明显的隔热效果；混凝土板+原竹+热反射膜+水泥砂浆找平屋面的上下表面温差为13.49℃，说明热反射膜对于进一步反射上表面水泥砂浆找平层传来的长波热辐射有一定作用。

不同实验样本屋顶上下表面温度差异表　　　　表3-2-1

测定时间	天气	气温（℃）	屋顶上下表面温差（℃）			
			样本1	样本2	样本3	样本4
2016/12/04/14:30	晴	15	0.70	6.30	12.40	13.40
2016/12/05/14:30	晴	18	0.90	6.70	15.00	15.56
2016/12/07/14:30	晴	13	0.90	5.80	9.80	11.90
2016/12/09/14:30	晴	16	−0.45	6.10	12.60	13.10
平均温差			0.51	6.23	12.45	13.49

通过计算和实际样本测试，证明了原竹隔热屋面技术的有效性和可行性。原竹隔热屋面构造法利用竹材天然的封闭空腔和导热系数低的特点进行隔热，对材料和施工工艺要求低，村民和工匠经过简单培训即可实施，降低了对工业材料的依赖，经济、环保又具有良好的隔热性能。此项技术如能与农村住宅其他节能措施相结合，可整体提升农村住宅的节能水平，对夏热冬暖地区村镇建筑节能具有实用价值，是一种符合地域及气候特点、经济发展水平、保持传统文化特色的乡土绿色节能技术。

对比我国建筑气候分区图和竹资源分布图发现，我国温和地区、夏热冬冷地区和夏热冬暖地区都有丰富的大中型竹种资源，原竹隔热（保温）屋面技术具有广泛的地域适用性，市场前景广阔。

二、产品介绍（图3-2-34）

三、应用案例

1. 应用案例

该技术在云南省一傣族夯土民居客栈屋面应用（图3-2-35）。

2. 应用效果分析

原竹隔热屋面构造法利用竹材天然的封闭空腔和导热系数低的特点进行隔热，对材料和施工工艺要求较低，村民和工匠经过简单培训即可实施，降低了对工业材料的依赖，经济、环保又具有良好的隔热性能。此项技术如能与农村住宅其他节能措施相结合，可整体提升农村住宅的节能水平，对夏热冬暖地区村镇建筑节能具有实用价值，是一种符合地域及气候特点、经济发展水平、保持传统文化特色的乡土绿色节能技术。

图3-2-34 原竹隔热屋面产品图件

图3-2-35 采用本产品的傣族夯土民居客栈屋面

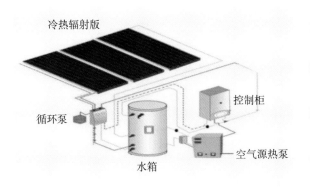

冷热辐射版
循环泵
水箱
控制柜
空气源热泵

冷热辐射板
1）型号：DNW34/472/9/01
2）有效流道：34 道
3）主瓦（板）尺寸（mm）：
　3000~12000×472×9
　（长×宽×高）
4）总重量：瓦重 6kg/m² 介质 5kg/m²
5）上联箱下联箱：各 1 个
6）适用介质：冷源和热源
7）可选颜色：根据用户需求定制

3.2.6　产品四　冷热辐射板系统

随着时代的进步，人们对生活和工作环境舒适度的要求则相应提高，生活水平的提高使得越来越广阔的区域提出采暖要求，因此我国提出采暖要求的地区也在逐年增多，南方城市的家庭冬季也采用各种供暖方式提高环境舒适性，目前普遍采暖方式为散热器采暖和底板辐射采暖。

冷热辐射板系统可以替代传统的散热器、地暖盘管、毛细管，并可根据用户需求设计成地板式采暖、吊顶式采暖和墙面式采暖，不仅节约房屋使用面积还可根据用户需求设计装饰效果。

一、工作原理

冷热源辐射系统与空气源热泵、水箱、循环泵等构成一套完整的冷热循环系统。冬天采暖季节，热水通过板系统均匀散热，对室内进行加热。夏天制冷季节，冷媒通过该系统均匀辐射到室内，使室内的温度均匀运行，没有死角，增加建筑的舒适度（图3-2-36）。

二、产品介绍（图3-2-37）

三、应用与效果分析

1. 应用场景

冷热辐射板系统应用比较广泛，可以使用在商店、住宅、温室大棚、厂房和住宅等建筑上（图3-2-38）。

36	37
38	

图3-2-36　冷热辐射板系统示意图

图3-2-37　冷热辐射板实物示意图

图3-2-38　冷热辐射板应用范围示意图

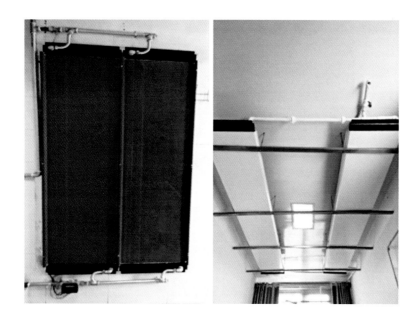

图3-2-39　冷热辐射板应用示意图

2. 应用案例

以下为冷热辐射板系统的典型应用。

左图：墙面使用装饰性冷热辐射板作为采暖末端；右图：使用吊顶式（可隐藏）冷热辐射板作为采暖末端。此图展现了系统的功能性，在装饰后所有管道系统可做隐蔽工程处理，产品的装饰面颜色可根据用户需求设计（图3-2-39）。

3. 应用效果分析

建筑物应用了与建筑一体化的冷热辐射板，除了有极佳的装饰效果外，冬季可以作为室内取暖末端使用、夏天可以作为室内制冷末端使用，节省室内空间，体现了一板多用的功能。

3.2.7　产品五　瓦（板）降温系统

因大量农房建筑围护结构没有做隔热保温，大量热源向室外流失加大了温室气体排放，既增加了能源消耗，又污染了空气、破坏了环境。随着我国现代化建设飞速发展，居民生活水平、居住环境不断提升，社会能耗日益增加，而建筑耗能占到社会总能耗的30%左右，建筑耗能的重点是围护结构的能耗，只有进行围护结构高效隔热保温才是彻底降低能耗的根本出路。

在夏热冬冷地区空调使用时间超过6～9个月，利用建筑物的外表皮散热、降温减少屋面和墙面对室内的辐射热从而可直接减少空调使用时间，达到建筑节能目的。

得能瓦（板）是一种用高分子树脂复合选择性吸热、导热材料制作的结构

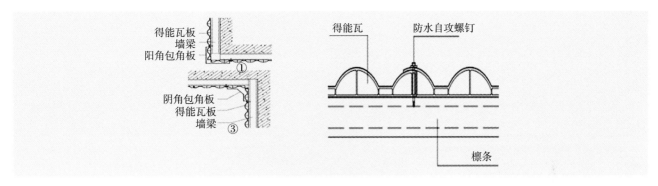

得能瓦板
墙梁
阳角包角板

阴角包角板
得能瓦板
墙梁

得能瓦　防水自攻螺钉

檩条

降温得能瓦（板）
1）型号：DNW15/522/30/C
2）有效流道：15 道
3）主瓦（板）尺寸（mm）：
　　3000~12000 × 522 × 30
　　（长 × 宽 × 高）
4）总重量：7.5kg/m²
5）面层复合反射材料
6）可选颜色：白色、红色、蓝色、灰色
7）经国家建筑节能质量监督检验中心检
　　测传热系数 K 值为 2.86w/(m²·k)

40
───
41
───
42

图3-2-40　**降温瓦（板）设计节
　　　　点示意图**

图3-2-41　**降温瓦（板）实物示
　　　　意图**

图3-2-42　**降温得能瓦（板）应
　　　　用范围示意图**

❶ 详见《得能瓦
（板）光热系统》专项
图集，主编单位：中
国建筑标准设计研究
有限公司、北京瓦得
能科技有限公司，中
国建材工业出版社出
版，2018.10第一版。

简单、安装便捷、轻质环保的外围护结构表皮材料（即得能瓦或墙面板）❶。

　　一、工作原理

　　铺装降温得能瓦板构成的屋面系统和墙面系统，该系统实现了与建筑一体
化。采用该系统技术作为降温系统，利用瓦（板）表面共挤的太阳能反射隔
热材料反射太阳辐射热，减少流道内空气得热；独特的结构设计，利用热压原
理，达到给建筑物散热降温的效果。

　　该产品具有三重隔热降温效果：高分子树脂材料本身有较好的隔热性能+
表面共挤的太阳能反射隔热材料降温+中空流道热压原理散热降温。还可以根
据用户需求，在背板覆盖纳米绝热材料，形成四重隔热降温。

　　该产品是高分子复合清洁能源材料，可实现回收再利用（图3-2-40）。

　　二、产品介绍（图3-2-41）

　　三、应用与效果分析

　　1. 应用场景

　　瓦（板）降温系统可以使用在住宅、厂房、过道和机库等工业和民用建筑
上（图3-2-42）。

图3-2-43　降温得能板应用示意图

2. 应用案例

以下为降温得能瓦（板）应用在简易房的实际案例。房屋东西南三面利用降温得能板做装饰面，达到了降温、隔热、防水的效果，减少夏季空调的使用率，达到建筑节能的效果（图3-2-43）。

3. 应用效果分析

利用降温得能瓦板系统可反射辐射热，降低建筑物室内的温度，减少空调的使用时间，保持更好的室内舒适性。同时还具有传统树脂瓦的所有功能，即装饰、防水、保温、隔热、耐候、防腐、抗风、韧性、强度、轻量、安装便捷。

3.2.8　产品六　瓦（板）光伏光热系统

目前各种房屋、厂房、仓库等建筑都普遍存在能源的散发和消耗问题，建筑的能源消耗成为我国工业、交通三大能源消耗之一，所以如何解决建筑物的节能减排难题已成为各国科学家重点研究的课题。

采集太阳能的主要技术是光伏电源、平板热水器，太阳能真空玻璃管热水器等，上述技术都不能实现与建筑一体化，需要单独安装。

太阳能光伏发电系统技术存在以下问题：不能和建筑一体化、发电成本居高不下、现有建筑荷载无法满足传统太阳能光伏组件的重量要求、太阳能光伏发电过程中产生的热量会提高环境温度。因为发电过程中背板热量会提升环境温度。理论与实验均表明，在较高的环境温度下，如果不对光伏组件采取冷却措施，其工作温度通常会高达60~90℃，如果不给光伏背板降温，城市屋顶光伏背板散热会加剧城市热岛效应。

一、工作原理

得能瓦（板）是一种用高分子树脂复合选择性吸热、导热材料制作的结构简单、安装便捷、轻质环保的外围护结构表皮材料（即得能瓦或墙面板）。

利用光伏光热得能瓦板构成的屋面系统和墙面系统，突破了传统光伏光热不能和建筑一体化的难点。采用与建筑一体化的太阳能光伏光热得能瓦（板）作为屋面瓦或墙板；薄膜或柔性晶硅组件铺装在得能瓦（板）表面，组件发电时背板产生的热量加热得能瓦（板）流道内水或太阳能导热液，热介质经循环系统导出，通过换热贮热水箱间接加热自来水用于生活热水供应；同时给光伏电池起到降温作用，从而提高光伏组件发电效率；得能瓦（板）热水系统为强制循环间接系统形式。

热水得能瓦（板）既是屋面瓦或墙板，又是太阳能光伏发电组件的支撑背板部件。热水采集系统与光伏发电系统独立运行，完美地实现了光伏发电和光热技术与建筑一体化，发电的同时还可以生产热水，实现热电联产，灵活输出。

光伏发电如果不采取措施，其工作温度通常会高达60～90℃；而在有介质冷却的得能瓦热水系统中，光伏电池的工作温度可控制在30～50℃。得能瓦内的冷却介质可带走电池产生的热量，产生电、热两种能量收益。由于该系统与建筑能实现完美一体化，还可节约建筑造价和投资成本（图3-2-44）。

二、产品介绍（图3-2-45）

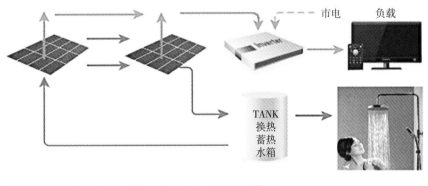

光伏光热得能瓦（板）
1）型号：DNW+GF34/472/9/01
2）有效流道：34道
3）主瓦（板）尺寸（mm）：
3000～12000×472×9
（长×宽×高）
4）光伏电池尺寸：宽430mm×长600mm（按照设计要求定尺寸）
5）总重量：瓦重6kg/m²+介质5kg/m²+光伏电池重量3kg/m²=14kg/m²
6）上联箱下联箱：各1个
7）适用介质：水或者太阳能导热液

<table>
<tr><td>44</td></tr>
<tr><td>45</td></tr>
</table>

图3-2-44　光伏光热系统示意图

图3-2-45　光伏光热得能瓦（板）
　　　　　实物示意图

三、应用与效果分析

1. 应用场景

得能瓦（板）光伏光热系统具有较广阔的应用场景，可以应用在大型公建设施，如机场、写字楼、学校等建筑上，也可以应用在住宅上，同时还可以应用在农业温室大棚上（图3-2-46）。

2. 应用案例

下面为瓦（板）光伏光热系统在一栋住宅上的具体应用。此建筑参加全球最具权威的以实现"太阳能、节能与建筑设计一体化"为宗旨的太阳能建筑科技竞赛——SDC2018，屋面铺装得能瓦光伏光热系统，光伏系统提供建筑用电多余部分并网，得能瓦（板）光热系统采集太阳辐射热提供建筑用热水，实现建筑自给自足并与建筑完美一体化，杜绝了安全隐患（图3-2-47）。

3. 应用效果分析

夏天，得能瓦板流道内的介质被太阳能加热，辐射热量被循环系统带走，可减少辐射热进入建筑物内，减少空调的使用时间，保持更好的室内舒适性。

冬天，得能瓦板流道内的介质阻隔室外的冷量进入室内，可保持建筑物室内的温度，减少取暖的能耗，保持更好的室内舒适性。

同时热水瓦还吸收光伏电池的背板温度加热流道内介质，产生热水的同时给电池背板降温，提高光伏发电效率，加大太阳能的利用率。

除上述功能外本产品还具有传统树脂瓦的所有功能，即装饰、防水、保温、隔热、耐候、防腐、抗风、韧性、强度、轻量、安装便捷。

图3-2-46　光伏光热得能瓦（板）应用范围示意图

图3-2-47　光伏光热得能瓦（板）应用示意图

3.2.9　产品七　瓦（板）热水系统

热水作为生活当中不可缺少的一部分（约占家庭能耗的2/3），现在普遍用户都安装太阳能热水器却忽略了安全问题。虽然在太阳能真空玻璃管热水器的基础上有较大改进，但仍存在功能单一、太阳光采集面积小、造价高、安装困

❶《得能瓦（板）光热系统》专项图集 2018CPXY-J416，主编单位：中国建筑标准设计研究有限公司、北京瓦得能科技有限公司，中国建材工业出版社出版，2018.10第1版。

难、不能与建筑一体化、使用受局限等缺点。

当前城乡居民大力推广的"煤改电"、"煤改气"造成能源紧缺，运行成本高，加重了居民负担，也加重了政府财政补贴和电网增容成本。

得能瓦（板）热水系统是由热水得能瓦或热水墙面板、上下集热联箱、管路系统、换热水箱、自动控制系统等集成为与建筑一体化的屋面得能瓦热水系统和墙面得能板热水系统❶。中空流道内得热介质为水或太阳能导热液的得能瓦（板），利用瓦（板）表面共挤的太阳能吸收涂层吸收太阳辐射热，加热流道内水或太阳能导热液。

一、工作原理

液体流道得能瓦（板）系统采用与建筑装饰一体化的液体流道得能瓦（板）作为屋面装饰瓦（板），吸收太阳能辐射热加热得能瓦（板）流道内水或太阳能导热液，热介质经循环系统导出，通过换热贮热水箱间接加热自来水用于生活热水供应。液体流道得能瓦（板）热水系统为强制循环间接系统形式。系统工作原理详见图3-2-48。

1. 系统原理图

图3-2-48　**液体流道得能瓦（板）热水系统原理图**

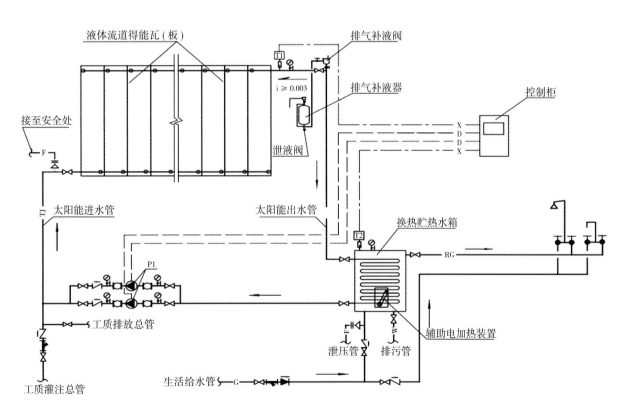

说明：1. 图中辅助加热装置以内置电加热器为例，换热贮热水箱内置换热盘管和电加热器。
2. 采用温差控制系统运行方式，当液体流道得能瓦（板）内介质温度（T1）大于或等于换热贮热水箱内热水温度（T2）5℃时，循环水泵P1启动，集热系统开始循环，将得能瓦（板）内介质收集的太阳辐射热送到换热贮热水箱；当液体流道得能瓦（板）内介质与换热贮热水箱内热水的温差（T1-T2）小于2℃时，循环水泵P1停止运行，集热系统停止循环。

2. 系统组成（表3-2-2）

液体流道得能瓦（板）热水系统组成表　　　　　　　　　　　　　　　　　　　表3-2-2

系统组成部件	系统组成部件说明	安装位置
液体流道得能瓦（板）	工作压力不大于0.3MPa，瞬时效率截距不低于0.3，总热损系数不大于13.0 W/（m²·℃）	屋面/墙面
换热贮热水箱	闭式承压保温水箱，内置不锈钢换热盘管，水箱承压能力应与热水系统工作压力相匹配	卫生间/设备间
排气补液器	不锈钢或树脂材质	系统最高点
循环水泵	热水循环泵	卫生间/设备间
管路系统	满足耐防冻液腐蚀要求的管材和配件	/
其他部件	控制阀门、过滤器、安全阀、压力表、温度传感器等	/
控制柜	开关设备、测量仪表、保护电器等	卫生间/设备间
辅助加热装置	空气源热泵热水机（热水器）、燃气热水器、水箱内置电加热装置等	室外/设备间

3. 技术特点

（1）液体流道得能瓦（板）既是屋面装饰瓦（板），又是太阳能集热部件，实现了太阳能与建筑装饰一体化。

（2）液体流道得能瓦（板）热水系统原理简单可靠，自动控制运行，安装维护方便，施工效率高。得能瓦（板）与管道间均为标准模块化施工，进场施工前即可完成制作预装。

（3）当得能瓦（板）内热介质温度达到设定温度时，循环系统启动，热介质可迅速有效带走得能瓦（板）上的热能，夏季可增强围护结构隔热；冬季得能瓦（板）吸热，可增强围护结构保温。

（4）液体流道得能瓦（板）作为一种太阳能集热装置（太阳能集热板芯），得能瓦（板）储存的热能受天气影响较大，在实际应用中应按照太阳能集热系统设计要求设置辅助加热装置。

二、产品介绍

1. 产品图样（图3-2-49）

2. 主要技术参数（表3-2-3）

图3-2-49　**液体流道得能瓦（板）实物示意图**

液体流道得能瓦（板）的主要技术参数表　　　　　　　　　　　表3-2-3

产品型号	DNW34/472/9/01
有效流道	34道
主瓦（板）尺寸（mm）	3000～12000×472×9（长×宽×厚）
面密度（kg/m²）	6
上联箱	1个
下联箱	1个
工作压力（MPa）	≤0.3
热性能　瞬时效率截距 η0.a	≥0.3
总热损失系数U[w/（m²·℃）]	≤13.0

3. 主要物理性能（表3-2-4）

液体流道得能瓦（板）的物理性能表　　　　　　　　　　　表3-2-4

项目		指标要求	实测值	检测方法
表面层厚度（mm）		≥0.15	0.21	JG/T 346–2011中7.4
加热后尺寸变化率（%）		≤2.0	1.2	JG/T 346–2011中7.5
落锤冲击性能		试件破坏数量不超过1个	0个	JG/T 346–2011中7.7
承载性能（N）		挠度为跨距的3%时承载力不应小与于800N	910	JG/T 346–2011中7.9
耐应力开裂		表面层和中间层均无裂纹，表面层与底层不应分离	无分离	JG/T 346–2011中7.10
耐老化性能		10000小时不应出现龟裂、斑点和粉化现象	无龟裂、斑点和粉化现象	JG/T 346–2011中7.11
闷晒		试件无泄漏、开裂、破损、变形或其他损坏	无泄漏、开裂、破损、变形或其他损坏	GB/T 6424–2007中7.6
空晒		试件无泄漏、开裂、破损、变形或其他损坏	无泄漏、开裂、破损、变形或其他损坏	GB/T 6424–2007中7.7
外热冲击		两次外热冲击试验，试件不允许裂纹、变形、水凝结或浸水	两次外热冲击试验，试件无裂纹、变形、水凝结或浸水	GB/T 6424–2007中7.8
内热冲击		不允许有破坏	无破坏	GB/T 6424–2007中7.9
燃烧性能	氧指数	≥32%	34%	JG/T 346–2011中7.8
	燃烧等级	B1（C）	B1（C）	GB 8624

4. 设计选用要点

（1）液体流道得能瓦（板）布置和构造要求

1）建筑的屋面、墙面均可安装得能瓦（板）。建筑屋面宜采用坡屋面，屋面坡度宜结合得能瓦（板）接受阳光的最佳倾角（即当地纬度 ± 10°）来确定。

2）得能瓦（板）设置在坡屋面上时，宜朝向正南或南偏东、南偏西30° 的朝向范围内；得能瓦（板）设置在外墙面上时，可设置在建筑的南向、南偏东、南偏西、东向、西向的墙面上。得能瓦（板）设置在平屋面上时，不受朝向限制。

3）得能瓦（板）的安装位置应尽量避开建筑周边环境景观等影响阳光投射到得能瓦（板）的因素，并应满足一天不少于4小时日照时数的要求。

4）得能瓦（板）作为屋面装饰瓦（板）时，应按照板材规格尺寸绘制板材排布图，墙板宜从预留洞口两侧开始排板。

5）得能瓦（板）用作外墙板时，安装高度不宜超过24米，并宜根据建筑所处地理位置、气候条件对龙骨制成的系统、面板挠度、连接节点强度进行验算。

6）得能瓦（板）作为屋面或墙面装饰瓦（板）时，挂瓦条间距不宜大于600毫米，顺水条间距不宜大于500毫米。得能瓦（板）作为墙面挂板时，横龙骨间距不宜超过900毫米。钢屋架檩条间距不得大于750毫米。

7）得能瓦（板）固定要求：保证每张得能瓦（板）与同一根檩条或横龙骨的连接固定点不得少于两个。得能瓦（板）横向搭接方向宜与主导风向一致，搭接部位通长设置耐候密封胶。

8）得能瓦（板）横向搭接要求：瓦（板）长度小于6米时，采用自攻螺钉固定，瓦（板）长度大于6米时，应采用配套金属压条进行固定；得能瓦（板）纵向搭接要求纵向搭接的上下瓦板搭接距离不应小于150毫米。

9）得能瓦（板）作为建筑屋面装饰瓦板时，瓦板背面宜设置隔热反射薄膜，提高瓦（板）得热效率。屋面节水和防水设计应根据建筑所处的地理位置、环境、使用要求确定，并应符合现行国家标准《屋面工程技术规范》GB 50345和《坡屋面工程技术规范》GB 50693的规定。

（2）液体流道得能瓦（板）热水系统设计要点

1）系统整体设计要求

①液体流道得能瓦（板）热水系统应采用强制循环运行方式。在冬季有防冻要求时，得能瓦（板）内传热介质应添加防冻液。

②液体流道得能瓦（板）的技术性能应满足产品企业标准的要求，系统中换热贮热水箱、循环水泵等主要部件正常使用寿命不应低于10年。

③液体流道得能瓦（板）的集热面积应根据热水用量、当地的气象条件、建筑允许的安装面积、用水水温等因素综合确定。

④液体流道得能瓦（板）热水系统设计计算应符合现行国家标准《民用建筑太阳能热水系统应用技术规范》GB 50364的规定。在不同太阳能条件下，每100L热水量的系统所需得能瓦（板）集热面积的推荐选用值见《得能瓦（板）光热系统》专项图集2018CPXY-J416表6.2.1。

⑤液体流道得能瓦（板）热水系统使用的电气设备应有专用供电回路，以及剩余电流保护和接地等安全措施。

⑥液体流道得能瓦（板）热水系统应根据实际工程需求按照太阳能集热系统的设计要求设置辅助加热装置。

2）液体流道得能瓦（板）的布置与接管

①液体流道得能瓦（板）应并联布置，并且板与板之间流道不连通，相邻液体流道得能瓦（板）的进（出）水口间距为460毫米，液体流道得能瓦（板）与进水、出水干管采用长度不小于50毫米的金属软管连接，金属软管连接两端均为活接头，详见《得能瓦（板）光热系统》专项图集2018CPXY-J416第14页。

②液体流道得能瓦（板）的进水、出水干管采用同程布置。

3）集热系统设备设计要求

①换热储热水箱的容量应与日均用水量相适应。换热贮热水箱宜布置在室内设备间、卫生间，宜靠近液体流道得能瓦（板）的出水干管；设置换热贮热水箱的位置应具有相应的排水、防水措施；换热贮热水箱上方及周围应有安装检修空间，净空不宜小于600毫米。

②得能瓦（板）集热系统应设置排气补液器，其中排气补液器的排气阀应设置在得能瓦（板）集热系统的最高点。排气补液器的容量应根据系统容量经过计算确定。

③循环水泵的流量和扬程应根据液体流道得能瓦（板）集热系统的流量和系统总阻力经过计算确定。

④液体流道得能瓦（板）集热系统（用于热水系统）的设备配置选用可参照下表3-2-5。

液体流道得能瓦（板）集热系统（用于热水系统）的设备配置选用表　　　　表3-2-5

序号	热水		得能瓦（板）				换热贮热水箱		循环泵		排气补液器	循环管路系统	
	用水人数（人）	用水量（L/d）	采光面积（m²）	标准尺寸（mn）	组合数量（块）	介质容量（L）	容积（L）	直径×高（mm）	额定流量（m²/h）	额定扬程（mH₂O）	容量（L）	流量（m²/h）	管径（mm）
1	3	120	8.5	3000×460	7	40	150	500×1000	0.7	5	6	0.62	25
2	5	200	14	3000×460	10	55	200	600×1000	1.0	5	13.5	1.0	32
3	8	320	24	3000×460	18	90	350	700×1000	1.8	5	21	1.72	40
4	10	400	27.5	3000×460	20	100	400	600×1000	2.0	6	22	1.98	40

（注：本表适用于太阳能资源一区和二区的液体流道得能瓦（板）热水系统的集热系统设计选用）

4）集热系统管路设计要求

①液体流道得能瓦（板）的单位面积流量宜按0.054～0.072[m³/（h·m²）]计算。

②集热系统循环管路的干管应有0.3%～0.5%的坡度，系统最高点应设置排气补液器的排气阀。

③集热系统循环管路上应设有压力表、压力安全阀、温度计和温度传感器。

④系统循环管路应做保温，保温设计应按现行国家标准《设备及管道绝热设计导则》

GB/T 8175的规定执行，保温层材料应能耐受系统的最高温度。室外明装管道，保温层外应采用有效的保护构造措施。

5. 施工安装要点

（1）得能瓦（板）现场储存时，堆放场地平整、坚实，码放高度不宜超过1.5米。

（2）得能瓦（板）长度小于6米时，板与板之间可采用搭接钉连接或配套金属压条连接；得能瓦（板）长度超过6米时，板与板之间应采用配套金属压条连接。

（3）当屋面长度超过12米时，对于需要光热一体化屋面板部分建议做结构分层，具体情况根据屋面结构情况及客户需求灵活设计调整。安装完成后，要尽量避免板端头与管道之间出现应力。

（4）得能瓦（板）在屋面和墙面固定应采用具有防水效果的专用自攻螺钉。

（5）液体流道得能瓦（板）与管道系统连接应严格按施工规范要求；液体流道得能瓦（板）为合成树脂材料，使用中需做好成品保护。

（6）金属檩条、管道支架安装完毕后，应及时做好防腐处理。

（7）系统设备、管道、阀门、附件的安装应符合现行国家标准《建筑给水排水及采暖工程施工质量验收规范》GB 50242的相关规定。

（8）液体流道得能瓦（板）集热系统安装完成经检查符合设计要求后，应进行系统水压试验。试验压力应为系统工作压力的1.5倍，工作压力应符合设计要求，且不大于0.3MPa。水压试验方法应按现行国家标准《建筑给水排水及采暖工程质量验收规范》GB 50242的相关规定执行。系统水压试验合格后，应对系统进行冲洗直至排出的水不浑浊为止。

6. 运行维护

（1）得能瓦（板）运行工作压力不应大于0.3MPa。

（2）定期查看得能瓦（板）端与水箱温度传感器温差及运行状况。

（3）定期检查系统运行情况，查看系统有无介质渗漏，特别是得能瓦（板）进出口与水管连接处是否存在滴漏现象。

（4）定期检查排气补液器液位计的液位，密闭系统充满介质时，储液杯液位应处于上下刻度线之间。正常工作状态下，系统低温状态时不得低于下刻度线，当低于下刻度线时，应及时补充介质，但不得超过上刻度线。当储液杯液位高温上升而低温不回位时，系统内介质可能出现泄漏，应及时联系专业技术人员检查，以免因系统内缺少介质而影响正常工作。

（5）冰冻季节到来前，应为系统及时添加防冻液或做放空处理。

7. 安装图示（图3-2-50）

图3-2-50 **液体流道得能瓦（板）安装示意图**❶

❶ 摘引自：《得能瓦（板）光热系统》专项图集2018CPXY-J416，中国建材工业出版社，2018年10月第1版。

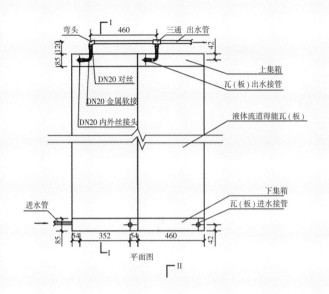

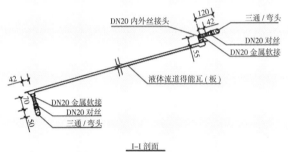

注：液体流道得能瓦（板）进、出水口与管道之间宜采用金属软接连接，进水口金属软接安装长度宜为50mm，出水口金属软接安装长度宜为150mm。

液体流道得能瓦(板)接管安装图

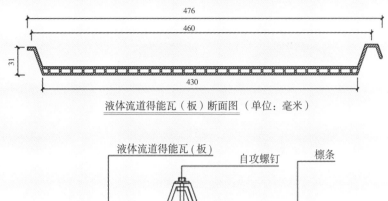

液体流道得能瓦（板）断面图（单位：毫米）

液体流道得能瓦（板）搭接连接

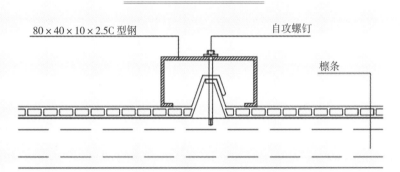

液体流道得能瓦（板）金属压条连接

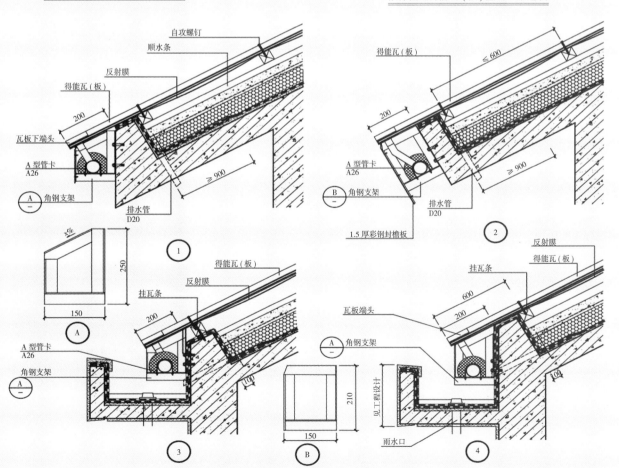

图3-2-51　热水得能瓦（板）应用范围示意图

三、应用与效果分析

1. 应用场景

得能瓦（板）热水系统可以应用在大型公建设施，如机场、写字楼、学校等建筑上，也可以应用在住宅上，同时还可以应用在农业温室大棚上（图3-2-51）。

2. 应用案例与效果分析

得能瓦（板）热水系统已经在下述工程项目中得到应用，各项工程最终使用结果良好（表3-2-6）。

液体流道得能瓦（板）热水系统应用表　　　　　　表3-2-6

编号	项目名称	案例实景
案例一	沈阳西站站修车间屋面热水项目	
应用情况	项目地址：沈阳市于洪区大成庄北 施工单位：北京瓦得能科技有限公司 建筑面积：750m² 瓦板尺寸：472mm×14500mm 铺装结构：9mm阻燃工程板（底层）+30mm聚苯保温板（中间）+热水得能瓦（面层）+C型钢压条	
案例二	德州太阳能小镇—斯陋宅	
应用情况	项目地址：山东省德州市陵县尚德十一路 屋面施工单位：北京瓦得能科技有限公司 合作院校：北京建筑大学和香港大学 参加全球最具权威的以实现"太阳能、节能与建筑设计一体化"为宗旨的太阳能建筑科技竞赛——SDC2018 铺装产品：热水得能瓦系统，热风得能瓦系统，光伏光热得能瓦系统 互补能源：冷暖空调	
案例三	低碳能源建筑	
应用情况	项目地址：北京昌平马池口横桥燕欣园 施工单位：北京瓦得能科技有限公司 设计单位：北京瓦得能科技有限公司 铺装产品：屋面南坡热水得能瓦系统，北坡热风得能瓦系统，围护结构使用降温得能板，地暖使用冷热辐射板，得能板用作室内装饰快装板 互补能源：冷暖源空气源热泵	

编号	项目名称	案例实景
案例四	职工浴室	

| 应用
情况 | 项目地址：北京市昌平区小汤山镇大赴任庄村
施工单位：北京瓦得能科技有限公司
设计单位：北京瓦得能科技有限公司
系统组成：热水得能瓦系统+水系统控制柜+320L换热储热水箱 |

3.2.10 产品八 瓦（板）热风系统

得能瓦（板）是以合成树脂（如PVC、ABS、PP等）为主要原料，添加抗冲击改性剂、润滑剂及各种加工助剂，采用挤出工艺技术生产的建筑屋面或墙面用瓦（板）。根据需要可在瓦（板）阳光直射一侧的表面共挤一层太阳能吸收或反射涂层。根据瓦（板）中空流道内部介质不同，分为液体流道得能瓦（板）和空气流道得能瓦（板）两种类型。

空气流道得能瓦（板）分为两种类型，一种为空气流道集热得热瓦（板），利用瓦（板）表面共挤的太阳能吸收涂层吸收太阳辐射热，加热流道内空气；另一种为空气流道隔热得能瓦（板），利用瓦（板）表面共挤的太阳能反射隔热涂层反射太阳辐射热，减少流道内空气得热。

得能瓦（板）热风系统技术是由热风得能瓦或热风墙面板、上下集热联箱、管路系统、风机系统或者新风系统或者热回收新风系统、自动控制系统等集成为与建筑一体化的屋面热风得能瓦系统和热风墙面得能板系统[1]。

一、工作原理

为提高冬季新风系统的送风温度，在新风进入室内前，通过采用与建筑一体化的空气流道集热得能瓦（板），吸收太阳能辐射热，流道内空气温度升高，再由新风机经过过滤处理后，送入室内，实现降低新风热负荷，提高送风舒适度，满足建筑节能要求。

系统工作原理详见图3-2-52所示。

二、产品介绍

1. 产品图样（图3-2-53）

2. 系统组成（表3-2-7、表3-2-8）

[1] 详见《得能瓦（板）光热系统》专项图集，主编单位：中国建筑标准设计研究有限公司、北京瓦得能科技有限公司，中国建材工业出版社出版，2018.10第一版。

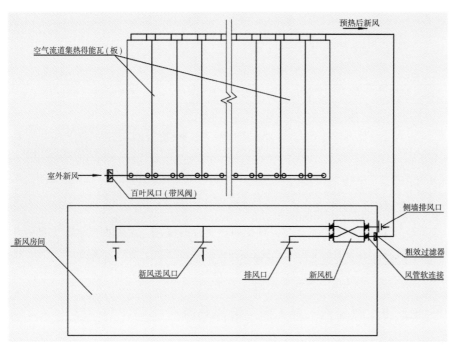

52 | 53

图3-2-52 得能瓦（板）热风系统原理图

图3-2-53 得能瓦（板）热风系统实物示意图

空气流道得能瓦（板）新风系统组成表 表3-2-7

系统组成	组成部件说明	安装位置
空气流道集热得能瓦（板）	集热器效率不低于23.6%	屋面/墙面
新风机	风机、过滤装置，根据实际工程需求选择净化单元和热回收装置	室内噪声要求比较低的房间吊顶内
风管	金属或非金属风管	/
风口	散流器、百叶风口等	/
风阀	镀锌钢板风阀等	/

得能瓦（板）集热面积推荐选用值 表3-2-8

等级	太阳能条件	年日照时数（h）	水平面上年太阳辐照量[MJ/（m²·a）]	地区	供给新风1kW热量配置空气流道集热得能瓦（板）面积（m²）
一	资源丰富区	3200～3300	>6700	宁夏北、甘肃西、新疆东南、青海西、西藏西	15.1
二	资源较富区	3000～3200	5400～6700	冀西北、京、津、晋北、内蒙古及宁夏南、甘肃中东、青海东、西藏南、新疆南	17.6
三	资源一般区	2200～3000	5000～5400	鲁、豫、冀东南、晋南、新疆北、吉林、辽宁、云南、陕北、甘肃东南、粤南	20.1
		1400～2200	4200～5000	湘、桂、赣、苏、浙、沪、皖、鄂、闽北、粤北、陕南、黑龙江	22.6
四	资源贫乏区	1000～1400	<4200	川、黔、渝	25.2

3. 技术特点

采用与建筑一体化的空气流道集热得能瓦（板）作为屋面板或墙板；利用瓦（板）表面共挤的太阳能吸收材料吸收太阳辐射热，加热流道内空气，用管道收集起瓦板内通过太阳能加热的空气，输送给新风系统前端或直接将热空气输入室内。同时，应对阳光不足的情况，可以选取空气源热泵热风机、空气源热泵热水机、燃气采暖热水炉其中之一为辅助热源。

4. 设计选用要点

（1）得能瓦（板）布置和结构要求

1）建筑的屋面、墙面均可安装得能瓦（板）。建筑屋面宜采用坡屋面，屋面坡度宜结合得能瓦（板）接受阳光的最佳倾角（即当地纬度±10°）来确定。

2）得能瓦（板）设置在坡屋面上时，宜朝向正南或南偏东、南偏西30°的朝向范围内；得能瓦（板）设置在外墙面上时，可设置在建筑的南向、南偏东、南偏西、东向、西向的墙面上。得能瓦（板）设置在平屋面上时，不受朝向限制。

3）得能瓦（板）的安装位置应尽量避开建筑周边环境景观等影响阳光投射到得能瓦（板）的因素，并应满足一天不少于4小时日照时数的要求。

4）得能瓦（板）用作屋面瓦板和墙面板时，应按照板材规格尺寸绘制板材排布图，墙板宜从预留洞口往两侧开始排版。

5）得能瓦（板）用于墙面装饰时，安装高度不宜超过24米，并宜根据建筑所处地理位置、气候条件对龙骨支撑的系统、面板挠度、连接节点强度进行验算。

6）得能瓦（板）作为屋面装饰瓦（板）时，挂瓦条间距不宜大于600毫米，顺水条间距不宜大于500毫米。得能瓦（板）作为墙面装饰挂板时，横龙骨间距不宜超过900毫米。钢结构屋面檩条间距不得大于750毫米。

7）得能瓦（板）固定要求：保证每张得能瓦（板）与同一根檩条或横龙骨的链接固定点不得少于两个。得能瓦（板）横向搭接方向宜于主导风向一致，搭接部位通常设置耐候密封胶。

8）得能瓦（板）横向搭接要求：瓦（板）长度小于6米时，采用自攻螺钉固定，瓦（板）长度大于6米时，应采用配套金属压条进行固定；得能瓦（板）纵向搭接要求：纵向搭接的上下瓦板搭接距离不应小于150毫米。

9）得能瓦（板）作为屋面装饰瓦（板）时。瓦板背面宜设置隔热反射薄膜，提高瓦（板）得热效率。屋面节水和防水设计应根据建筑所处的地理位置、环境、使用要求确定，并应符合现行国家标准《屋面工程技术规范》GB 50345和《坡屋面工程技术规范》GB 50693的规定。

（2）空气流道得能瓦（板）·新风系统设计要点

1）系统整体设计要求

①空气流道集热得能瓦（板）新风系统的集热面积应根据新风量、建筑允许的安装面积、当地的气象条件、新风送风温度等因素综合确定。

②空气流道得能瓦（板）新风系统应采用由新风机提供动力运行，新风机根据工程需求，选择是否带有热回收、净化处理单元。

③空气流道集热得能瓦（板）并排布置，并且板与板之间空气不连通，板端头与主管道连接宜采用100毫米长，内径φ30毫米橡胶软管箍接，增强接口处密封性及减小瓦（板）端头连接处的应力。

2）新风机的设计选用要求

①新风机的风量应考虑漏风、混风等因素附加5%～10%；应计算最不利管路风阻，并对风机的风压做明确要求。

②新风机宜采用吊装方式，在其安装区域（卫生间、厨房）需要采取局部吊顶的方法，新风机宜选用薄机型，减小吊顶到楼板地面空间尺寸。

③新风机吊顶位置处应留出检修口，方便日常维护检修。检修口的位置和大小需要根据设备确定。

3）管路和风口的设计选用要求

①新风管道设计时应计算各分支管路风阻，保证最大支管阻力与最小支路阻力的差值不大于15%，否则在阻力小的支路需配置调节阀，以保证送风平衡。

②室外新风进风口应设在室外空气较清洁的地方，进风口的安装应做好防水和密封处理。

③室内送风口布置应保证新风在室内均匀分布。

5. 施工安装要点

（1）得能瓦（板）现场储存时，堆放场地平整、坚实，码放高度不宜超过1.5米。

（2）得能瓦（板）长度小于6米时，板与板之间可采用搭接钉连接或配套金属压条连接；得能瓦（板）长度超过6米时，板与板之间应采用配套金属压条连接。

（3）当屋面长度超过12米时，对于需要光热一体化屋面板部分建议做结构分层，具体情况根据屋面结构情况及客户需求灵活设计调整。安装完成后，要尽量避免板端头与管道之间出现应力。

（4）得能瓦（板）在屋面和墙面固定应采用防水型自攻螺钉。

（5）金属檩条、管道支架安装完毕后，应及时做好防腐处理。

（6）系统设备、管道、阀门、附件的安装应符合现行国家标准《通风与空调工程施工质量验收规范》GB 50243的相关规定。

6. 运行维护

（1）定期清洁空气流道得能瓦（板）的室外进风口，清洗过滤网；定期清洁新风机入口初效过滤器。

（2）定期检查新风机与管道连接处是否出现松脱现象，影响气密性。

（3）定期清洗得能瓦（板）的空气流道和风管内壁是否积灰，避免滋生细菌造成二次污染的风险。

7. 安装图示（图3-2-54）

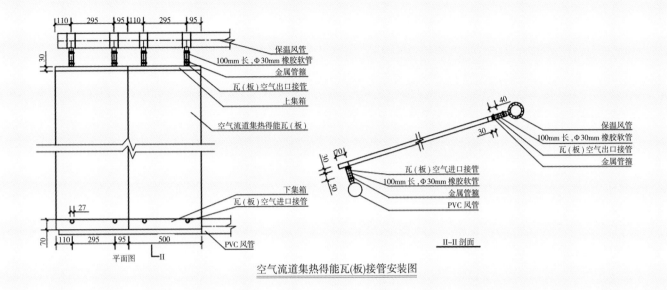

空气流道集热得能瓦(板)接管安装图

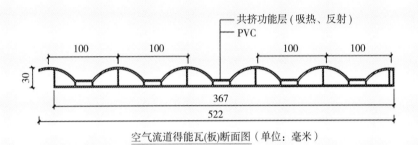

空气流道得能瓦(板)断面图（单位：毫米）

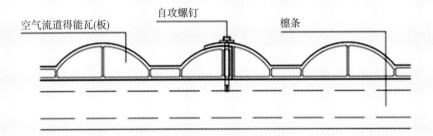

空气流道得能瓦（板）搭接连接

图3-2-54 空气流道得能瓦（板）
热风系统安装示意图❶

❶ 摘引自：《得能瓦
（板）光热系统》专项
图 集2018CPXY-J416，
中国建材工业出版社
2018年10月第1版。

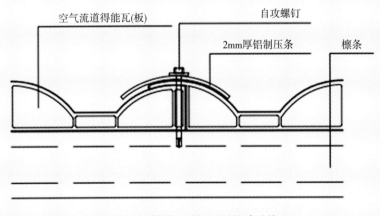

空气流道得能瓦（板）金属压条连接

图3-2-55　空气流道得能瓦（板）
应用范围示意图

三、应用与效果分析

1. 应用场景

得能瓦（板）热风系统可以应用在大型公建设施，如机场、写字楼等建筑上，也可以应用在住宅上，同时还可以应用在农业温室大棚上（图3-2-55）。

2. 应用案例与效果分析

得能瓦（板）热水系统已经在下述工程项目中得到应用，各项工程最终使用结果良好（表3-2-9）。

空气流道得能瓦（板）热风系统应用表　　　　表3-2-9

案例一	沈阳苏家屯职工宿舍屋面热风项目	案例实景
应用情况	项目地址：沈阳市于洪区大成庄北 施工单位：北京瓦得能科技有限公司 建筑面积：860m² 瓦板尺寸：522mm×7000mm 铺装结构：热风得能瓦（面层）+得能瓦专用压条	
案例二	德州太阳能小镇—斯陌宅	
应用情况	项目地址：山东省德州市陵县尚德十一路 屋面施工单位：北京瓦得能科技有限公司 合作院校：北京建筑大学和香港大学 参加全球最具权威的以实现"太阳能、节能与建筑设计一体化"为宗旨的太阳能建筑科技竞赛——SDC2018 铺装产品：热水得能瓦系统，热风得能瓦系统，光伏光热得能瓦系统 互补能源：冷暖空调	

案例三	低碳能源建筑

应用情况	项目地址：北京昌平马池口横桥燕欣园 施工单位：北京瓦得能科技有限公司 设计单位：北京瓦得能科技有限公司 铺装产品：屋面南坡热水得能瓦系统，北坡热风得能瓦系统，围护结构使用降温得能板，地暖使用冷热辐射板，得能板用作室内装饰快装板 互补能源：冷暖源空气源热泵、空气源热泵热风机	

案例四	职工浴室

应用情况	项目地址：北京市昌平区小汤山镇大赴任庄村 施工单位：北京瓦得能科技有限公司 设计单位：北京瓦得能科技有限公司 系统组成：热风得能瓦系统+新风系统（热风得能瓦预热室外空气，输送给新风换气系统）	

第4章

道路设施建造技术与产品

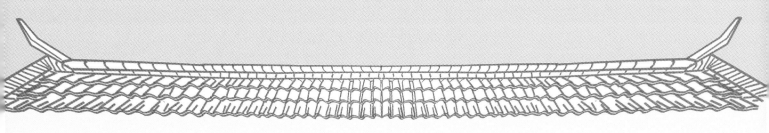

4.1 道路设施建造技术与产品综述

通过对中国南方（广东、海南、广西、福建等）以及北方传统村落（山西等）的初步调研，并基于实践经验梳理了部分地区传统村落道路设施的几个主要问题。

其一，多数当地居民对传统村落的道路交通设施不够重视，经过历史久远的风吹雨淋与使用磨损，保护措施不力，致使部分传统村落的道路设施逐步满足不了居民的日常生活条件，再加上分布街巷与道路本不适合现代交通工具的通行，致使部分传统道路设施被遗弃，其保护与传承极为迫切；

其二，部分区位较好、旅游资源较佳的传统村落，在旅游发展与"商业化"开发的冲击下，在保护意识淡薄以及保护技术力量薄弱的情形下，翻新或新建的道路设施（如道路铺装形式及材料、道路设施构造方式与工艺）对传统村落的风貌带来"建设性的破坏"；

其三，传统村落道路交通基础设施投资与维护建设政策相对匮乏，在传统村落经济落后以及国家财政投入不足的情形下，传统村落道路设施完善的建设资金面临严重不足，使得现有的道路设施不能得到及时的修缮和维护，面临逐渐消亡的困境。

经过对中国南方（广东、海南、广西、福建等）以及北方传统村落（山西）等的部分调研与过往实践经验，初步归纳总结了北方干旱地区、南方水乡地区、山地丘陵地区（含少数民族地区）以及其他地区的道路设施特征与经验。

北方干旱地区的道路设施特征主要体现在与传统聚落风貌的和谐与地方材料（如片石、块石、垒石等）的应用以及传统商贸交通设施的遗存，如在山西、陕西、甘肃等还保留了较多的古驿站、古关隘等传统道路交通设施。

南方水乡地区的道路设施特征主要体现在与河流水系联系密切，道路设施建设技术更多地体现在与水系的和谐融合，"小桥流水人家"一定程度上成为南方水乡地区的标志性特征。

山地丘陵地区（含少数民族地区）的特征与经验主要体现在与山地丘陵地形地貌的结合以及地方材料应用上，如道路街巷的坡度、台阶的尺度与构造特点。

其他地区的传统村落道路设施特征也一定程度上与地方地理环境与气候条件密切相关，如东北湿润极寒地区对防滑防冻的道路设施建造技术要求较高；沿海地区因防潮与防腐的需要对建造材料等具有较高的要求。

4.2 道路设施建造技术与产品

4.2.1 技术一 生态化道路建造技术

传统村落一般位于比较偏远的地区，有的甚至是山区。传统村落的道路系统，特别是对外连接道路系统的生态化建设对保护周边环境有着极大的保障作用。

一般情况下，生态化道路建设主要有以下几种方式：

一、种草护坡

种草护坡适用于不陡于1：1的草类生长的土质边坡。一般选用根系发达、茎干低矮、枝叶茂盛、生长力强、多年生长的草种，并尽量用几种草籽混种。常用的植草方法有人工种草和湿法喷播。人工种草护坡，是通过人工在边坡坡面简单播撒草种的一种传统边坡植物防护措施。多用于边坡高度不高、坡度较缓且适宜草类生长的土质路堑和路堤边坡防护工程。

种草护坡的施工比较简单，造价也比较便宜，但是由于草籽撒泼不均匀、草籽容易被水冲走和种草成活率较低等原因，往往达不到比较满意的结果，而造成坡面冲沟、表土流失等病害，导致大量的边坡修复工程，影响使用效果（图4-2-1）。

护坡植物的选择一般应掌握如下原则：一是生长快、适应性强、病虫害少的植物；二是耐修剪、耐瘠薄土壤、深根性的植物；三是管理粗放、抗风、抗污染，有一定经济价值的植物；四是造型优美，枝叶柔软而长，有一定观赏价值的植物。常用的保护边坡绿化的地被植物有百脉根、马蔺、麦冬、石竹、萱草等（图4-2-2）。

1 | 2

图4-2-1　**种草护坡示意图**
（图片来源：网络）

图4-2-2　**种草护坡主要植物示意图**
（图片来源：网络）

二、湿法喷播方法

喷播技术采用专门的喷播设备施工，将植物种子、土壤稳定剂、肥料、覆盖料、土壤改良剂、添加剂和水等按一定的比例充分混合后，用高压喷枪均匀地喷播到土壤表面即可。湿法喷播方法的施工简单、速度快，施工质量相对于传统种草护坡来说施工质量高，草籽喷播均匀发芽快、整齐一致，护坡效果好，正常情况下，只要条件合适，数天后植物即可出苗，一般一个多月地表覆盖率就能达到70%，两个月后形成护坡、绿化功能。应用实践表明，湿法喷播技术与传统的种植工艺相比，具有许多优越性。

湿法喷播方法主要是直接液力喷播技术，主要应用于边坡稳定且高度较低的完全土质型边坡，以及多级边坡顶部稳定的土质边坡，它是采用液压喷播技术直接将草籽喷播在边坡坡面上，经过养护管理而达到绿化及防护作用（图4-2-3）。

三、铺草皮护坡

铺草皮护坡是通过人工在边坡面铺设天然草皮的一种传统边坡植物防护措施。草皮铺砌形式有平铺、水平叠铺、垂直叠铺、斜交叠铺及网格式等（图4-2-4）。

四、植树护坡植树

植树护坡植树应在1∶1.5或更缓的边坡上，或在边坡以外河岸及漫滩处，主要作用是加固边坡、防止和减缓水流的冲刷。林带可以防汛、防沙和防雪，调节气候、美化路容，增加木材收益。植树品种以根系发达、枝叶茂盛、生长迅速的低矮灌木为主（图4-2-5）。

五、土工网植草护坡

土工网植草护坡，是国外近十多年新开发的一项集坡面加固和植物防护于一体的复合型边坡防护措施。该技术所用土工网是一种边坡防护新材料，是通过特殊工艺生产的三维立体网，不仅具有加固边坡的功能，在播种初期还起到防止冲刷、保持土壤以利草籽发芽、生长的作用。随着植物生长、成熟，坡面逐渐被植物覆盖，这样植物与土工网就共同对边坡起到了长期防护、绿化作用（图4-2-6）。

3 | 4 | 5

图4-2-3 湿法喷播护坡示意图
（图片来源：网络）

图4-2-4 铺草皮护坡示意图
（图片来源：网络）

图4-2-5 植物生态护坡示意图
（图片来源：网络）

图4-2-6 土工网植草护坡示意图
（图片来源：网络）

图4-2-7 蜂巢式网格植草护坡示意图
（图片来源：网络）

六、蜂巢式网格植草护坡

蜂巢式网格植草护坡是一项类似于干砌片石护坡的边坡防护技术，是在修整好的边坡坡面上拼铺正六边形混凝土框砖形成蜂巢式网格后，在网格内铺填种植土，再在砖框内栽草或种草的一项边坡防护措施（图4-2-7）。

4.2.2 技术二 台阶式路基道路建造技术

现存大量的传统村落都位于植被茂密、生态环境良好的山区，村落进出的山区道路建设除保证道路自身设施、车辆及行人安全外，应最大程度减少对山体植被的破坏。而目前，山区道路参照山区公路进行设计，缺乏适宜性的技术进行支撑。

一、路基设计

路基设计作为山区道路设计的一项重要内容。按照设计流程，路基设计首先应结合地形地质情况选用合适的断面形式。典型的路基横断面有路堤、路堑、挖填结合三种。对于地形地质复杂的山区道路，高填深挖的路基较常见。传统路基不仅施工方法复杂，而且工程造价高，对周围环境产生影响。为减少山体土方开挖并实现快速施工，基于山区道路的特点，提出了一种台阶式路基断面形式。首先将路基底面设置成台阶状以减少土方开挖量，其次采用泵送混凝土分段填筑路堤，达到快速施工的目的。

该道路形式的特点是台阶式路基。与现有路基断面形式相比，台阶式路基的不同之处在于：

（1）路基底面顺山坡度方向开挖成台阶状，以减少山体开挖的土方量；

（2）路基采用泵送轻质混凝土填筑。路基顶面可直接作为路面，也可铺筑沥青混凝土；

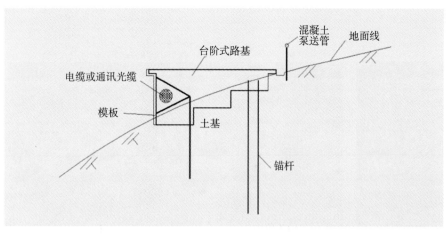

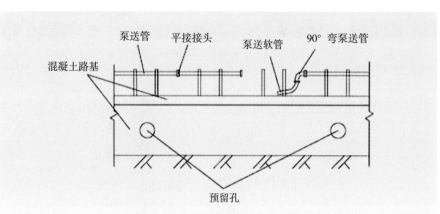

图4-2-8　台阶式路基横断面

图4-2-9　路基施工混凝土泵送
系统

（3）混凝土路基分段施工，无需顺道路施工，节省工期（图4-2-8）。

二、路基施工

路基施工流程为：

（1）清除山坡表层土，碾压土基，将路基底面开挖成台阶状；

（2）从山底沿道路架设混凝土泵送系统；

（3）在路基最外侧台阶钻进锚杆，架设道路外侧模板，采用钢连接件连接锚杆和模板；

（4）对抗倾覆或抗滑稳定性不足的路基，可在路基底面钻进足够数量的锚杆；

（5）在离路基内固定管道，沿道路纵向每隔一段距离向道路外侧预留孔道。管道内可铺设电缆或通信光缆，以供道路沿线设备用电等；

（6）将道路分成若干段，当道路任一段完成模板和管道固定即可开始浇筑路基。通过拆卸离施工段最近的直泵送管，换上90°弯泵送管，并在弯泵送管另一端接泵送软管，如图4-2-9所示；

（7）利用泵送车将低标号轻质混凝土运送至山底，利用泵送系统将混凝土输送至施工段，填筑路基；

（8）当混凝土强度到达一定程度时，即可拆除模板，施工段施工完毕；

（9）当完成所有施工段时，路面即施工完毕。

值得注意的是，为方便泵送管拆卸，泵送管之间应采用平接接头（图4-2-10）。

4.2.3　技术三　生态挡墙建造技术

生态挡墙适用于坡度较陡的道路边坡、河道护岸。一般山区道路边坡采用削坡方式不经济，且生态破坏严重，因此边坡较陡。一种生态挡墙的结构形式——预制双仓式挡土墙很好地解决了这一问题。

一、技术原理

挡土墙前仓回填种植土以供植物生长，后仓回填粗砾或碎石等以供墙后排水。前仓底部埋设泄水管，形成泄水通道。挡土墙为预制混凝土式，可定制或成品购买。

二、挡土墙施工

预制双仓式挡土墙施工步骤包括：

（1）开挖基槽，施工挡土墙基础；

（2）利用预制块错缝拼装，预制块一次堆叠高度不大于1.5米；

（3）在前仓底部埋设泄水管（预制时已埋设），泄水管距离挡土墙基础的高度≥500毫米，任意两个泄水管之间的横向距离为2～3米；

（4）采用种植土填充前仓，采用透水性材料填充后仓；

（5）将反滤土工材料粘贴在墙背；

（6）重复步骤（2）、（4）、（5），直至施工完毕（图4-2-11）。

10　　11

图4-2-10　**路基施工现场示意图**

图4-2-11　**挡土墙横断面示意图**

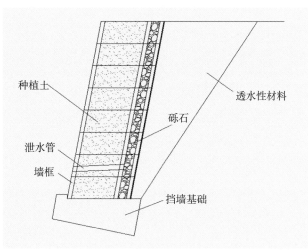

4.2.4 技术四 土体延时固化技术

一、技术原理

随着国家对传统村落保护与传承工作的重视，各地开展了大量的改造提升工作，各类土木工程项目大量涌现，遇到了不少软弱地基和不良地基等岩土工程问题，对此一般采用了大破大立的方法，或进行换填，或使用外加刚性加固体等方法使其适应工程建设的需要，不仅增加了土木工程施工中的成本，而且还造成了很多的环境问题，如工程弃放堆放占用大量工地，堆放的松散堆积物引发如滑坡、泥石流等地质灾害，软弱土流失造成环境污染等。

而且，在作为大型土工构筑物如路基、土坝、防洪堤的填料使用时，对于大多数的天然土体，在外界环境发生变化如气候变化时，往往影响到作为工程材料的土的状态，使其稳定性、强度和变形一般都不能得到保证。

针对以上问题，结合我国各地的土壤结构，陕西垚森科技有限公司和西安丽水河谷环境技术有限责任公司的研究人员经过对国外产品及相关技术的深入研究，反复试验，研制出了合乎中国实际情况的土体延时固化技术，并据此制造出了全新的系列产品，命名为"土体安全延时固化技术系统"，简称SDS（Soil Delay-time Solidifying）技术。

丽水河谷SDS技术系列产品的核心部分是由钙离子、钠离子、碱性金属类离子、卤素作为主要成分，再与多种无机化合物构成的富离子状水溶液混合剂。SDS剂附着于土粒子，将阻碍水泥和土粒子进行固化反应的腐殖酸，溶木质素酸等分解为酒精类，羧酸等的低分子化合物，促进了水泥和土粒子中所含有的 SiO_2、Al_2O_3 和钙离子的直接反应。水泥内部分子运动加剧，在钙矾石的针状结晶化同时，含水比降低，土粒子的固化变得容易，形成具有一定强度和韧性的固状物。

应用SDS技术产品对占中国相当数量的膨胀土及常规泥土的基层、堤坝等进行固化处理，得到了较为满意的效果，有效解决了道路建设、使用、维修等恼人的路基翻浆、土层老化、土质疏松等路基损坏的难题，极大节省了道路建设维修费用，大大加快了乡村道路设施的建设速度。

二、应用与效果分析

1. 应用案例

SDS技术产品先后入选交通运输部重点科技项目《高等级公路压实黄土路基的渗水特性与性状研究》、陕西省交通厅科技项目《陕西省农村公路低造价路面研究》课题，分别在陕西省榆林至靖边高速公路、陕西省宝鸡市市政清姜路、陕西省陕西省商洛地区山阳县级公路以及渭南至108国道应用，效果良好，得到了各地方使用单位的高度赞扬。

宝鸡市硖石乡道路

1995年5月，由与陕西省宝鸡市公路段联合在宝鸡市峡石乡农村三级公路上铺筑了600米长的SDS土体延时固化技术试验路面，铺完后上复2厘米沥青表处。其中450米为土体延时固化剂加素土结构，土体延时固化剂用量约为0.008%，厚度20厘米，压实度为95%；另一段长150米，在95%压实素土层上覆盖了沥青表处，以示对比。在该段路上，日交通量为200辆左右，年雨量约为800毫米，雨季六至八月，土质为黄土，塑脂为11，属粉砂质亚黏土（图4-2-12）。

图4-2-13为宝鸡市硖石乡道路使用六年后的情况。

经过室内试验，其主要特点如下：

（1）体积减小，密实度随之增加；

（2）渗水量减小，防渗能力增大；

（3）无侧线抗压强度气养为高，毛细渗透时降低。

陕西省商洛地区山阳县色杏公路户家垣段

为配合陕西省农村公路低造价路面结构研究，2002年6月至9月，在陕西省商洛地区山阳县色杏公路户家垣段进行SDS土体延时固化剂书的研究。试验路选于商洛地区山阳县户家塬镇附近，里程长1.3千米。该段地处色（色河）杏（杏坪）公路户家塬镇岔道处，是连接九里坪村与户家塬镇的交通要道，东侧

土体延时固化剂试验路段

传统工艺施工路段

用土体延时固化剂处理过的表处面层
（表面基本完好）

未用土体延时固化剂处理过的表处面层
（龟裂严重）

12

13

图4-2-12　宝鸡市硖石乡道路试验路面实景图

图4-2-13　宝鸡市硖石乡道路试验路面对比图（六年后情况）

为山坡，西侧沿金钱河，铺设于该河的二级阶地。老路为非标准的四级公路，交通主要以小型农用拖拉机与东风车等为主，昼夜混合交通量约为658辆。

试验路附近的土质为黄土，属粉质亚黏土，塑性指数13，最大干容重1.87g/cm³，最佳含水量14%，沿河砂砾料极为丰富，含土量较少，纯净度达97%左右。老路面原结构为沿河砂砾料填筑的砂砾路面，实测平均弯沉为0.54毫米，计算弯沉为1.40毫米，本次试验路用补强方式按标准三级与四级公路路面进行补强设计，补强设计中也注意到了农村传统结构的采用。

试验路于2002年6月3日开工，用SDS土体延时固化剂作为基层的所有结构，于一周内全部铺完，一部分到6月底完成。在具有"康耐"作稳定剂的基层结构铺完后开放交通，在此期间，历经6月份数次大雨及以后多次中雨的浸渗，经现场观测，在两侧排水良好的情况下，其结构仍具有完整性与表面的平整性（图4-2-14）。

通过商洛地区山阳试验路大量室内试验以及两个雨季、一个冬天的实际考验，并经过现场弯沉、渗水、压实度等物理、力学指标测试得出，由SDS土体延时固化剂组成的长800米五种路面基层结构类型（0.005%与0.007%康耐稳定土、0.005%与0.007%的康耐石灰2%稳定土及0.005%SDS土体延时固化砂砾稳定土），具有强的抗渗能力，在路面无积水，特别是初期路面无积水的情况下，做成三、四级公路路面基层结构，具有良好的适应性。能适应日交通量500~800辆的中型载重汽车及年雨量在400~800毫米的气候条件，其中SDS土体延时固化稳定素土结构的交通量与年雨量适应于低限，其他SDS土体延时固化稳定材料可适应于中、高限。上述结论在关中宝鸡与陕北靖边康耐类试验路使用6~7年的情况同时得到证实。考虑到SDS土体延时固化稳定材料中的SDS土体延时固化砂砾稳定土与石灰稳定土两种新结构用相对耐久性系数比较，更具有每平方米价位总成本的低廉性，以及使用寿命较长的特点，因而，可以作为农村低造价路面结构广泛推广应用。

SDS土体延时固化剂喷洒中　　　　SDS土体延时固化剂喷洒结束　　　　图4-2-14　色杏公路试验段施工图

广西省南宁市郊区富庶乡合志村村公路

2004年4月，在广西省南宁市郊区富庶乡合志村的乡村公路上，采用固化土和泥结河卵石材料进行修筑，两路段进行对比结果如下：

（1）液塑限试验

在施工过程中，喷洒固化剂溶液到翻松的路基土后，取回处理后土样进行液塑限试验，并与同一地点未经处理素土进行对比，试验结果如表4-2-1所示：

合志村村公路试验路段液塑限对比表　　　　　　　　表4-2-1

取样地点	固化剂用量（l/m²）	液限wl	塑限wp	塑性指数Ip
K0+200	0	50.4	36.0	14.4
	0.011	34.3	20.5	13.8

（注：试验方法为液塑限联合测定法）

在固化剂作用下，液塑限降低较大，塑性指数略有降低，说明路基土的物理性质变化较大，颗粒有变粗的趋势，导致塑性指数的降低。

（2）击实试验

在施工过程中，取回经固化剂处理后路基土样进行击实试验，得到击实指标并与同一地点未进行固化剂施工处理的素土土样进行对比，试验结果如表4-2-2所示：

合志村村公路击实试验指标对比表　　　　　　　　表4-2-2

取样地点	固化剂用量（l/m²）	最佳含水量（%）	最大干密度（g/cm³）
K0+200	0	14.9	2.0
	0.011	10.2	2.18

（注：试验方法为重型击实方法）

最佳含水量降低较大，减幅达32%，最大干密度也有增幅达9%的变化。说明固化剂中表面活性剂成分对击实的辅助作用充分地显示出来了，在其作用下，只需用较少的水起润滑作用就能在一定击实功能下，达到更高的最大干密度。

（3）路基回弹弯沉测试

测定路基路面的回弹弯沉，可用以评价其整体承载能力，本试验分别对加固化剂处理试验路段和泥结河卵石路段进行了长期的路基的回弹弯沉值观测，可对两者在相同的外部环境及荷载作用下的承载性能做出比较分析，试验结果如表4-2-3所示：

两种土基结构弯沉测试结果　　　　　　　　**表4-2-3**

取样地点	测试日期	2001-11-20	2001-12-29	2002-12-17
固化剂处理土基层 k0+000～k3+000	弯沉值 （1/100mm）	135	116	95
泥结河卵石基层 k0+000～k10+000		91.9	132	114

（注：贝克曼梁法测试，试验车号为东风，汽车后轴重6.93T）

从弯沉值检测结果表及不同时间观测的回弹弯沉值表分析可得：

1）固化剂处理土基层在工程完成之初的承载能力较泥结河卵石基层的要低，但在40d龄期后，经通车荷载作用，其承载能力上升较后者的要高，其后又有所下降，但总体上，在40d龄期后，固化剂处理土基层的承载能力比泥结河卵石基层的要高；泥结河卵石基层的承载能力在最初修筑完成之时为最好，通车后经荷载及自然环境的变化共同作用承载能力下降较快。

2）在40d龄期固化剂处理土基层的承载能力比泥结河卵石基层提高12%；一年后，提高17%（图4-2-15）。

图4-2-15　合志村村公路回弹弯沉对比示意图

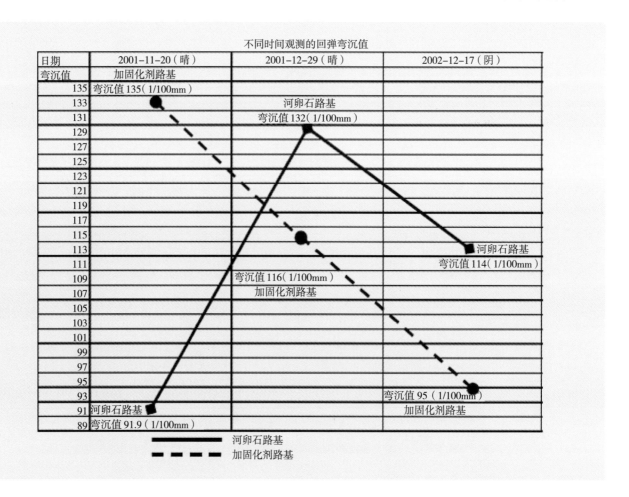

（4）施工的经济评价

1）材料费

采用固化剂固化路基，首先是不用换土，即可以就地取材，能节约大量的砂石材料；其次，加入一定剂量的固化剂在较短期内可提高整体路基强度，而路基材料在造价上增加不大。

2）挖运费

由于强度的提高，与达到设计要求可减薄道路厚度，减少路用材料，且无需大量挖弃不良土壤，使运费节省约80%，工程成本费用得到降低。由于挖弃与运量减少，还可以减轻或避免环境的破坏和污染。

3）施工费

由于固化剂路基与一般路基的施工工艺基本相同，使用机具也大致相同，施工简单。除增加搅拌混合工序外，施工方法与常规方法相当，不会提高大量工程费用。

4）养护费

固化土呈良好的板体性能。稳定性、不透水性能良好（表4-2-4）。

传统路基施工方法与固化路基施工方法的技术经济比较　表4-2-4

项目	传统方法	固化土方法
抗压强度	低	高
密实度	95%以下	高
透水性	砂土透水系数高，雨水渗透易造成松动	类似岩性整体结构，透水系数低
铺设厚度	大	小
稳定性	差	良
施工效率	受交通、气候影响较大	间歇性雨天也可施工
养护	因结构松散，损坏常为连带性，范围较大，养护费用较高	因土壤固化，损坏多为局部范围，养护费用小
资源化	无	废土再利用，减少砂石用量
环境影响	砂石过度开采，破坏山体河床，不利水土保持，改变自然条件，环境污染严重	环境污染影响小

2. 应用效果分析

应用SDS土体延时固化技术产品修建的路基，造价低、强度高、节能环保，可减少道路建设综合投资20%，可减少道路后期维修费用60%，相同造价的情况下，相当于石灰稳定基层强度的3~5倍，可以回收再利用建筑土方、淤泥、矿渣、工业废弃材料，减少建筑垃圾的弃置，降低砂石料的开采，达到节能环保的目标。

第 5 章

污水处理技术与产品

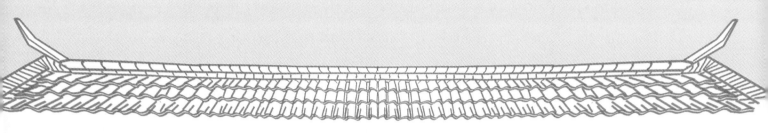

5.1 污水处理技术与产品综述

近年来，随着新农村建设的深入开展，通过实施优美乡镇建设和旧村改造与村庄整治工程，我国部分地区的村镇基础设施建设和环境面貌发生了很大变化。与此同时，农村生活污水排放无序、破坏环境的问题越来越引起广泛关注。但长期以来农村污水收集处理系统不完善，污水收集率和处理率低，严重影响当地水环境和整体环境的面貌，并危害城市供水的安全。

目前农村水环境现状有几个特点：

第一，缺乏污水收集和处理设施，污水直排。我国95%以上村庄和90%以上的小集镇都没有完善的污水收集和处理设施，产生的生活污水和部分工业废水，几乎是未经任何处理直接排入村镇的水体（河道、池塘、地下水等），造成村镇水体的严重污染。

第二，水体污染严重。由于污水长期直接排入水体，加之村镇水体通常较小，在江南地区水体的流动性也较小，环境容量十分有限，造成的结果就是不但水体丧失了应有的功能，还严重破坏了村镇的整体环境和景观。黑臭河道、池塘和富营养化的湖泊已成为昔日环境优美的江南水乡的普遍现象。

第三，水环境污染和破坏还会产生连带污染效应，影响健康。研究表明，许多疾病的发生都是与水环境相关的。水体污染有可能促进一些恶性疾病的发生。

第四，缺乏有针对性的先进适用污水处理技术。由于村镇污水具有排水量小而分散、水质波动比较大等特点，以及与城市相比，村镇在社会、经济和技术等条件上的差异，在村镇污水处理上不宜采用较为成熟的城市污水工艺，而一些所谓的生态型工艺往往不能满足处理要求，或缺乏实施的条件（如土地资源）。而应采用一些工艺简洁、处理效果好、占地省、能耗低、运行管理简便、二次污染少的先进适用技术，采用分散式方式进行处理。

从技术层面上来讲，造成我国农村污水的处理率非常低的另外一个原因就是缺乏先进实用的处理工艺。尽管城市生活污水二级生物处理技术发展比较完善，但目前很难普及应用于村镇生活污水的治理，这主要是因为城市污水处理厂投资高，而且在建成后运行费用较大，对于一个日处理量为1万吨的城市生活污水处理厂，投资约在1500～2000万元左右（不含收集管网），年运行费用约为150～200万元，因此村镇生活污水处理厂即使建成，高额运行费也限制了其作用的发挥。此外，我国村镇技术力量还比较薄弱，很难满足常规城市生活污水处理厂的技术要求。

目前，针对村镇污水（每天10～2000立方米排水量）分散式处理，国内外主要采用三大类技术和工艺。

第一类是借鉴城市污水处理厂二级生化处理的成功经验，将一些传统的城市污水处理厂二级生化处理工艺小型化，应用于村镇分散式污水处理。如SBR、氧化沟、A/O，甚至A2/O，甚至MBR等。仅从技术的角度来讲，这些技术和工艺都比较成熟，可以满足污水处理的要求。但是，这些技术和工艺通常都比较复杂，需要的设备也比较多。因此，投资相对较大、系统维护管理较为复杂、能耗及运行管理费用高，并且还可能产生一些二次污染问题。这样的处理系统与我国村镇社会经济的实际情况很不适应。其结果是花了大量投资，建成的污水处理厂（站），也因为高昂的运行费用、缺乏正常的维护管理（没有相应的技术力量）等原因而处于非正常运行或停止运行的状态，根本没有起到处理污水、保护水环境的作用。即使是在欧美等发达国家，这种情况也很普遍。

第二类是采用一些相对简单的生态化污水处理技术，包括人工湿地、氧化塘、土地处理系统等。这类技术的优点是工艺简单、投资小、低能耗、维护简便、环境友好等，缺点是处理效率较低，通常要在一定的条件下才能取得稳定的处理效果和维持系统的长期正常运行，如较低的水力负荷和有机负荷及较长的HRT，这就要求有较大的可以利用的场地。以下列举几种常用的技术。

土壤渗滤系统主要可用于水量较小（<20立方米/天）的农村污水处理，它主要基于自然生态原理，通过将污水有控制地投配到土壤中，利用物理、化学、微生物的降解和植物的吸收利用使污染物得到处理和净化。该技术对悬浮物、有机物、氨氮、总磷和大肠杆菌的去除率均较高，一般可达70%~90%，而且基建投资少、运行费用低、维护简便，整个系统埋在地下，不会散发臭味，能保证冬季较稳定的运行，便于污水的就地处理和回用。但是，该系统的处理效率很低，水力负荷通常小于0.04米/天，这就需要很大的单位土地面积。在上海地区的农村污水处理工程中，通常要求每户10平方米或每立方米污水30平方米的占地面积。即使农村地区，也没有这么多土地资源可供利用。另一方面，由于村镇的人均用水量50~100L/d，较城市地区人均用水量150~200L/d偏低，产生的污水浓度高，悬浮颗粒物多，经常导致渗滤系统堵塞，影响出水处理效果，甚至导致整个处理系统瘫痪。

人工湿地是一种具有较广泛应用的污水处理新技术，其特点是出水水质好、具有较强的氮磷处理能力、运行维护方便、管理简单、投资及运行费用低，比较适合于资金少、能源短缺和技术人才缺乏的中小城镇和乡村。但同土壤渗滤系统相似，传统的人工湿地技术也存在处理效率较低、占地面积过大、容易堵塞造成系统瘫痪等缺点。但是，结合我国村镇的具体情况，可以通过对人工湿地结构和填料系统进行改进，形成高通量人工湿地技术，将其与其他先进处理技术优化组合，作为一种后续处理技术，这样既可以克服人工湿地系统易堵塞、占地面积大等固有缺点，保证系统正常运行，又可以提高出水水质，同时还可以美化环境。

氧化塘（包括藻类塘和植物塘）技术也有类似的缺点和不足，在我国村镇目前的社会经济条件下，单独使用很难取得满意的效果。

第三类是厌氧处理技术，与传统的好氧生物技术相比厌氧生物处理技术具有工艺简单、能耗低、产泥量小、营养需求少、对水源的适应范围广等优点，因而厌氧技术受到了广泛的重视。以厌氧反应器为主的厌氧处理系统是一种低成本的废水处理技术，同时又能回收利用能源。包括我国在内的大多数发展中国家都面临严重的环境问题，且能源短缺、资金不足，需要有效、简单而费用低廉的技术，因此厌氧生物技术特别适合我国国情。对于农村生活污水处理来说，可以把人、畜粪便，农作物秸秆、杂草、树叶和农产品加工企业的有机废水等加入到厌氧沼气池内与生活污水同时进行厌氧处理，产生的沼气可以用作浴室和家庭用能源。污水厌氧产沼气技术已在我国一些地方得到了有效推广和使用。但是，单独的厌氧污水处理技术还不能将处理出水满足排水的要求，必须在经过必要的后续处理后才能达到排放标准。因此，对我国村镇污水处理而言，在一些有条件的村镇，尤其是那些既有生活污水污染，又有工业或养殖废水污染的村镇，将厌氧生物处理作为一项前端处理技术是一个很好的选择。

此外，发展集预处理、二级处理和深度处理于一体的中小型污水处理一体化装置，是国内外污水分散处理发展的一种趋势，在农村生活污水处理中具有广阔的应用前景。日本研究的一体化装置主要采用厌氧—好氧—二沉池组合工艺，兼具降解有机物和脱氮的功能，其出水BOD5＜20mg/L、TN＜20mg/L。近年来开发的膜处理技术，可对BOD5和TN进行深度处理。欧洲许多国家开发了以SBR、移动床生物膜反应器、生物转盘和滴滤池技术为主，结合化学除磷的小型污水处理集成装置。但这类一体化装置同样也存在能耗较高、运行管理较复杂等问题，同时其适用范围（处理规模）还有待于进一步拓展。

5.2 污水处理技术与产品

5.2.1 技术一 复合生物滤池污水处理技术

新型组合式复合生物滤池反应器采用了特殊的组合式结构设计和复合滤料，不仅克服了传统生物滤池易堵塞等缺点，还极大地提高了反应器的处理效率和稳定性，具有处理效果好、处理效率高（反应器处理负荷可达2kg COD/m³·d）、结构简洁、建造成本低廉、占地省、低能耗（仅水力提升，无其他能耗）、操作管理简便、运行费用低（小于0.15元/m³）等多方面的优点，同时反应器还具有一定的脱氮除磷能力，并且耐冲击负荷。因此，特别适合于具有水量较小、水质水量日变化较大等特点村镇污水处理。处理出水水质可达到国家一级B标准GB 18918-2002，可回用于农田灌溉或绿化。由此可见，将此项技术用于我国村镇污水分散式处理具有明显的优势。

一、技术方案

1. 组合式复合生物滤池污水处理工艺

针对传统生物滤池易堵塞、效率低的缺点，采用了特殊的滤池结构设计，增强了系统通风供氧能力，方便了填料的拆装及更换。本污水处理工艺开发了新型除磷滤料，以锆化合物、粉煤灰、生石灰、石膏等为主，经高温高压改性制成多孔材料，提高了系统的污染物净化能力。

生活污水经格栅后进入集水池，由泵自动提升至组合式复合生物滤池，与其中的生物膜进行充分接触，污染物被微生物吸附并降解；滤池出水经沉淀后部分回流至集水池，其余排放，最终出水可达二级标准GB 18918-2002。

组合式复合生物滤池污水处理工艺的完整工艺流程如图5-2-1所示：

2. 组合式复合生物滤池－高负荷人工湿地联合工艺

生活污水经格栅后进入集水池，由泵自动提升至组合式复合生物滤池，与其中的生物膜进行充分接触，污染物被微生物吸附并降解；滤池出水经沉淀后部分回流至集水池，其余进入人工湿地系统，在填料、土壤、植物共同作用下进一步去除有机物、氮和磷，出水可达一级B标准后排放，最终出水可达二级标准GB 18918-2002。

组合式复合生物滤池－高负荷人工湿地联合工艺的完整工艺流程如图5-2-2所示：

3. 复合厌氧－交大滤池－高负荷人工湿地联合工艺

生活污水经格栅后进入复合厌氧池，对有机物进行厌氧处理后，由泵自动

1 | 2

图5-2-1　**组合式复合生物滤池污水处理工艺流程示意图**

图5-2-2　**组合式复合生物滤池－高负荷人工湿地联合工艺流程示意图**

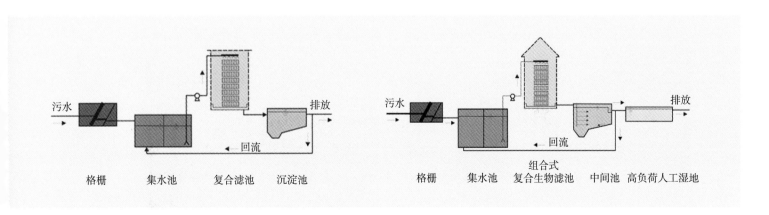

提升至组合式复合生物滤池，与其中的生物膜进行充分接触，污染物被微生物吸附并降解；滤池出水经沉淀后部分回流至复合厌氧池，进行反硝化脱氮，其余进入人工湿地系统，在填料、土壤、植物共同作用下进一步去除有机物、氮和磷，出水可达一级A标准后排放。

复合厌氧—交大滤池—高负荷人工湿地联合工艺的完整工艺流程如图5-2-3所示：

二、应用与效果分析

组合式复合生物滤池污水处理工艺技术已在我国上海、安徽、湖北、云南、浙江、江苏、广东、福建、江西、内蒙古等地得到了较大规模推广应用，已建的污水处理工程1500余座，工程总处理规模约3万m³/d，服务农户约10万户，解决了这些村镇的污水出路问题，改善了村镇水环境质量，取得了很好的社会效益和环境效益（图5-2-4）。

复合厌氧—交大滤池—高负荷人工湿地联合工艺技术自2006年至今，已在上海、浙江、江苏、安徽、湖北、云南、广东、福建等地进行了大规模的推广应用。已建和在建的农村生活污水处理工程1000余座，单座工程处理规模约1000m³/d，工程总处理规模超过30000m³/d，服务农户70000户以上。这些工程的建设解决了所在村镇的污水处理问题，改善了村镇水环境质量，取得了很好的社会效益和环境效益（图5-2-5）。

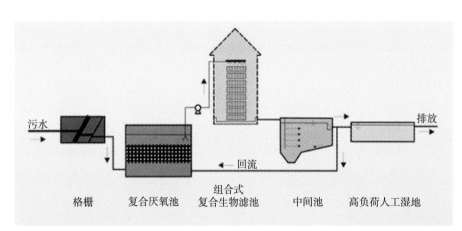

格栅　复合厌氧池　组合式复合生物滤池　中间池　高负荷人工湿地

图5-2-3　**复合厌氧－交大滤池－高负荷人工湿地联合工艺流程示意图**

图5-2-4　**组合式复合生物滤池污水处理实景图**

图5-2-5　**复合厌氧－交大滤池－高负荷人工湿地联合工艺污水处理实景图**

5.2.2　技术二　生活污水真空排导收集技术

一、技术方案

生活污水真空排导收集技术的工艺原理为污水自流入真空系统起端的污水收集箱里，当水位到达一定位置时，开启真空阀，污水在重力及气压差共同作用下进入真空管道，并输送至真空站，最后导入市政污水干管（图5-2-6）。

室外真空排水技术通过真空管道收集污水，由于真空抽吸作用，污水流速大，所需管径小。真空管道可随地形铺设，无须深埋，并可适当爬高。真空排导泵站采用地上或半地下形式，受空间限制少，工程量小，泵站设置可高于排水点。真空管道及集水箱埋深浅，真空泵站整体式，施工方便，造价低。适用于无法自流收水及不适宜大型施工机械作业地区。

二、应用与效果分析

江苏省常熟市虞山南麓宝岩收水工程主要内容为利用生活污水真空排导收集技术进行城市生活污水治理。项目北面毗邻虞山国家森林公园，南面为尚湖风景区。由于该区域地形起伏大，地下水位高，且居民住房以紧密布局的平房和别墅为主，道路狭窄，不具备重力排水施工条件。工程采用真空排水系统对区域内污水进行收集，通过压力管道排入已建成的市政排水干管。收水户数约1000户，设计总规模800吨/天，真空管材质HDPE实壁管，管径De90～200，建成真空泵站3套，收集箱83套，管网投资1600万，设备投资700万，总投资2300万元。

虞山公园收水工程主要处理公园公厕污水，因公园地势高差错落、湖泊相隔，公厕设置比较分散，污水的集中收集难度大，多年来一直无法将污水自流接入城市的污水管网，污水随沟溢流，对公园环境及下游古城区河道水质造成严重污染。工程采用"真空排导"技术对公园污水进行收集，并导入城市主管网进入城北污水处理厂处理。设计总规模300吨/天，收集箱11套，建成真空泵站1套，总投资230万（图5-2-7～图5-2-11）。

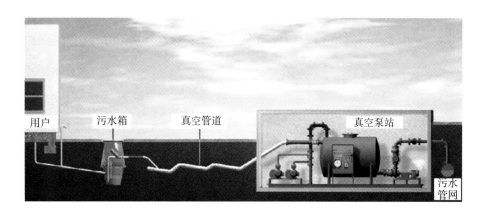

图5-2-6　真空排导技术流程图

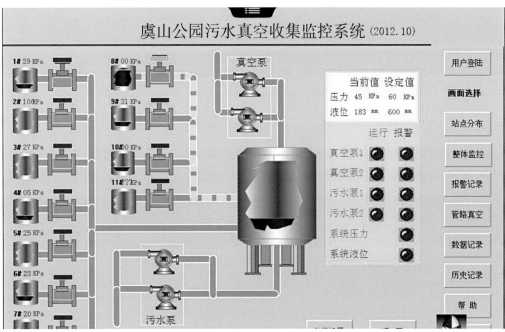

虞山公园污水真空收集监控系统 (2012.10)

7	8
9	10
11	

图5-2-7 真空排导虞山技术应
用管道布设

图5-2-8 真空排导虞山技术应
用压力表安装

图5-2-9 真空排导虞山技术应
用处理槽填埋

图5-2-10 真空排导虞山技术泵
房基础

图5-2-11 真空排导虞山技术应
用监控管理界面

5.2.3　技术三　化粪池+湿地污水处理系统

一、工作原理

1. 工艺流程

化粪池是一种利用沉淀和厌氧发酵的原理，去除生活污水中悬浮性有机物的处理设施，属于初级的过渡性生活处理构筑物。生活污水中含有大量粪便、纸屑、病原虫等，悬浮物固体浓度为 100～350mg/L，有机物浓度CODcr在100～400mg/L之间，其中悬浮性的有机物浓度BOD5为50～200mg/L。污水进入化粪池经过12～24h的沉淀，可去除50%～60%的悬浮物。沉淀下来的污泥经过3个月以上的厌氧发酵分解，使污泥中的有机物分解成稳定的无机物，易腐败的生活污泥转化为稳定的熟污泥，改变了污泥的结构，降低了污泥的含水率。定期将污泥清掏外运、填埋或用作肥料（图5-2-12、图5-2-13）。

湿地污水处理系统，是使污水中的污染物质经湿地过滤后或被土壤吸收，或被微生物转变成无害物。这种方法需要的能源少，维护的成本低。

2. 工程设计

化粪池+湿地污水处理系统由下述部分构成：

（1）化粪池：化粪池采用砖混结构，外表涂上防水砂浆，主要用于废水的预处理，降低污染负荷。

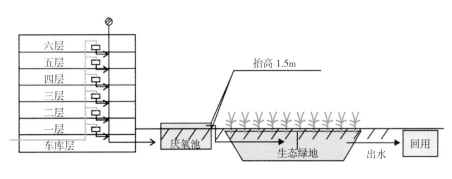

12

13

图5-2-12　**化粪池+湿地污水处理系统应用示意图**

图5-2-13　**化粪池+湿地污水处理系统原理示意图**

（2）生物滤池：采用砼构造，外表涂上防水砂浆。主要功能是利用其中的生物填料增加表面积，增加生物菌的附着，通过微生物的代谢特性分解有机物。污水在此停留一定时间，以利于污水中的有机物得到充分降解。

（3）人工湿地：采用砼构造，外表涂上防水砂浆。人工湿地对废水的处理综合了物理、化学和生物的三种作用。是人工湿地法处理污水的核心部分。湿地系统成熟后，填料表面和植物根系将由于大量微生物的生长而形成生物膜。废水流经生物膜时，大量的悬浮物被填料和植物根系阻挡截留，有机污染物则通过生物膜的吸收、同化及异化作用而被去除。湿地系统中因植物根系对氧的传递释放，使其周围的环境中依次出现好氧、缺氧、厌氧状态，从而通过硝化、反硝化作用将污染物除去，实现达标排放。

（4）出水池：通过分布在人工湿地末端的管道集水并自留入出水池，出水池中的水经过沉淀后排入下水管道，通过对集水池的采样化验，最终可以判断人工湿地系统的运行情况。

（5）氧化塘：分散式人工湿地污水处理系统经污水汇集进入氧化塘，氧化塘经过自净能力，有效地进一步净化废水（图5-2-14）。

二、应用与效果分析

1. 应用案例

化粪池（厌氧池）+湿地污水处理系统在全国已有示范工程，如福建省南平市武夷山市星村镇人工湿地污水处理系统，处理污水主要为集镇区及周边农村的生活污水，处理规模为1500m³/d（图5-2-15）。

14

15

图5-2-14　化粪池+湿地污水处理系统应用场景示意图

图5-2-15　厌氧池+人工湿地工程实景照片图

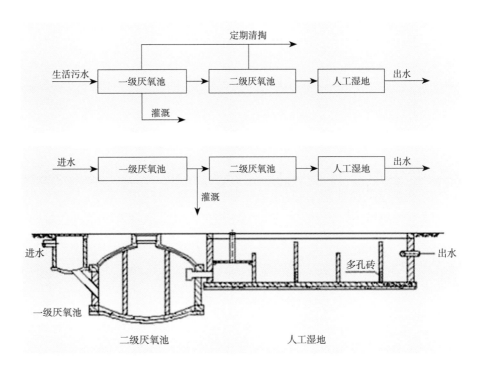

图5-2-16　厌氧池+人工湿地工艺
　　　　　流程图

图5-2-17　厌氧池+人工湿地结构
　　　　　流程图

（1）工艺流程（图5-2-16、图5-2-17）

（2）运行情况

污水主要为居民生活用水，设计进出水水质指标如表5-2-1所示：

设计进出水水质指标（单位：mg/L，pH除外）　　　表5-2-1

污染物指标	CODcr	BOD5	SS	NH₃-N	TN	TP	pH
进水浓度（mg/L）	250	120	200	40	50	4.0	6～9
出水浓度（mg/L）	60	20	20	15	20	1.5	6～9

实际运行期间，该技术有较好的去除效果。污水中进出水污染物浓度如表5-2-2所示：

实际进出水水质指标（单位：mg/L，pH除外）　　　表5-2-2

污染物指标	CODcr	BOD5	SS	NH₃-N	TN	TP	pH
进水浓度（mg/L）	210.00	—	114.00	32.00	37.20	3.42	7.50
出水浓度（mg/L）	15.60	—	8.00	0.93	32.3	1.44	6.39

从上述检测数据来看，除TN外，基本上达到设计出水水质指标。

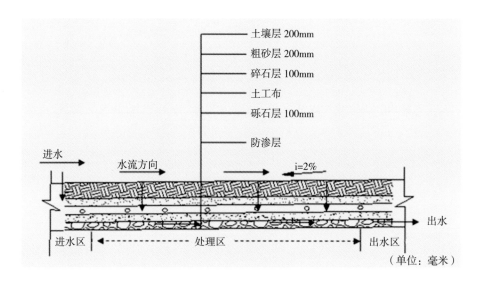

土壤层 200mm
粗砂层 200mm
碎石层 100mm
土工布
砾石层 100mm
防渗层

进水
水流方向
i=2%
出水

进水区 ←———— 处理区 ————→ 出水区

（单位：毫米）

（3）成本分析

工程造价：厌氧池+人工湿地系统工程造价约为1300～1700元/m³·d。

运行管理费用：主要为人工管理费用，约为0.25元/m³·d。

2. 应用效果分析

人工湿地在建设过程中涉及的建筑材料主要包括砖、水泥、碎石、土壤等。人工湿地的施工主要包括土方的挖掘、前处理系统的修建、土工防渗膜的铺装、布水管道的铺设、基质材料的填装、土壤的回填和植物的种植。在施工过程中要合理安排施工顺序，严格按照湿地设计中配水区、处理区和出水集水区中各种基质材料的粒径大小，分层进行施工，详情见人工湿地基质材料组成剖面图（图5-2-18）。

人工湿地表层一般种植喜阳的水生植物，因此应建设在能被阳光直射的空旷区域。在山区或丘陵可建成多级呈阶梯状的人工湿地，采取多级跌水充氧，与植物复氧一起，共同为湿地补充溶解氧。

人工湿地技术的选择应考虑当地土地利用状况与冬季运行的影响。进入人工湿地前污水应经过化粪池、厌氧、好氧生物接触氧化预处理，以保证处理效果达到设计要求。此外，人工湿地的定期维护管理对于保持人工湿地的运行效果至关重要。

人工湿地的维护包括三个主要方面：水生植物的重新种植、杂草的去除和沉积物的挖掘。当水生植物不适应生活环境时，需调整植物的种类，并重新种植。植物种类的调整需要变换水位。如果水位低于理想高度，可调整出水装置；杂草的过度生长也给湿地植物的生长带来了许多问题。在春天，杂草比湿地植物生长得早，遮住了阳光，阻碍了水生植株幼苗的生长。杂草的去除将会增强湿地的净

图5-2-18　人工湿地基质材料组成剖面图

化功能和经济价值。实践证明，人工湿地的植被种植完成以后，就开始建立良好的植物覆盖，并进行杂草控制是最理想的管理方式。在春季或夏季，建立植物床的前三个月，用高于床表面5厘米的水深淹没可控制杂草的生长，当植物经过三个生长季节，就可以与杂草竞争。由于污水中含有大量的悬浮物，在湿地床的进水区易产生沉积物堆积，运行一段时间，需挖掘沉积物，以保持稳定的湿地水文水力及净化效果。

5.2.4 技术四 厌氧生物膜池+接触氧化池系统

一、工作原理

厌氧生物膜池+接触氧化池系统由厌氧生物膜池和接触氧化池系统两部分构成，两部分通过相互联接形成一整套完整的污水处理方案。

1. 厌氧生物膜池

（1）工作原理

厌氧生物膜池是通过在厌氧池内填充生物填料强化厌氧处理效果的一种厌氧生物膜技术，污水中大分子有机物在厌氧池中被分解为小分子有机物，能有效降低后续处理单元的有机污染负荷。

（2）结构类型

厌氧生物膜池典型结构如图5-2-19所示。其中填充的填料应有利于微生物生长，易挂膜，不易堵塞，比表面积大，从而提高厌氧池对BOD5和悬浮物的去除效果。

（3）工程造价及运行管理费用

厌氧生物膜池用于处理污水，其费用主要产生于厌氧池建造，其建造费用因池壁采取的材料、内部安装的填料和池体大小不同而不同，一般而言池壁采用钢筋混凝土建造比砖砌抹面高，处理规模越大，单位污水量的建造费用越低；池体建造费用和填料购置费用可咨询土建结构专家和填料供货商。

厌氧生物膜池运行费用仅来自于池底污泥的定期排放处置和日常检查，基本无电耗，运行费用很低。

（4）日常维护情况

厌氧池的运行管理主要为污泥的定期排放与处置，污泥排放后不能随意堆置，否则易生蚊蝇，渗漏水会对周边水体环境造成二次污染。排放污泥量少，建议返回化粪池，进行循环处理。

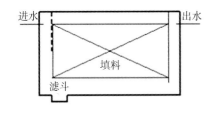

图5-2-19 **厌氧生物膜池结构示意图**

（5）出水水质和排放要求

正常运行时，厌氧生物膜池对污水中有机物含量和悬浮物的去除效果可达到40%～60%。对氮、磷基本无去除效果，须接后续处理单元进一步处理后排放。

（6）优缺点比较

厌氧生物膜池优点：投资省、施工简单、无动力运行、维护简便；池体可埋于地下，不占用土地；其上方可覆土种植植物，美化环境。

厌氧生物膜池不足：对氮、磷基本无去除效果，须接后续处理单元进一步处理后排放。

（7）适用条件及地区

可广泛应用于福建省各类型村庄生活污水经化粪池或沼气池处理后，人工湿地、生态滤池或土地渗滤等生态净水技术前的处理单元，也适合于含有一定家禽、畜牧等散养污水污染指标较高的前处理单元。

2. 接触氧化池

（1）工作原理

生物接触氧化池是生物膜法的一种，该技术是在池体中填充填料，污水浸没全部填料，氧气、污水和填料三样接触过程中，通过填料上附着生长的生物膜去除污水中的悬浮物、有机物、氨氮、总氮等污染物的一种好氧生物技术。

（2）结构类型

生物接触氧化池根据污水处理流程，可分为一级接触氧化、二级接触氧化和多级接触氧化。二级接触氧化和多级接触氧化可在各级接触氧化池中间设置中间沉淀池，延长接触氧化时间，提高出水水质。

根据曝气装置位置的不同，接触氧化池在形式上可分为分流式和直流式。分流式接触氧化池是指污水先在单独的隔间内充氧后，再缓缓流入装有填料的反应区；直流式接触氧化池是直接在填料底部曝气。按水流特征，又可将接触氧化池分为内循环式和外循环式，内循环式是指单独在填料装填区进行循环，外循环式是指在填料体内、外形成循环。工程实践中，应用最广的是内循环直流式接触氧化池，其基本结构如图5-2-20所示。

（3）工程造价及运行管理费用

生物接触氧化池的一次性投资主要是池体建造和购买填料，处理规模不同，池体造价上也有差异，从几百至几万不等；而各种不同填料价格上差异明显，以价格较高的新型球形塑料填料为例，填充一立方米体积所需要的填料价格在600元左右。而在日常运行成本上，生物接触氧化法要低于活性污泥法和氧化沟工艺。在占地方面，生物接触氧化工艺也体现了占地面积小的优势。此外，有报道表明二段式生物接触氧化工艺在污泥稳定性、水力负荷以及设备来源上相比活性污泥和氧化沟工艺均有不同程度的优势，而且

图5-2-20 接触氧化池示意图

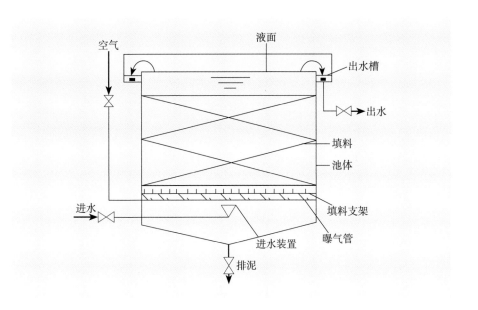

出水水质好。这些特点非常符合农村地区财政困难、操作维护人员有限、对出水水质要求高的特点。

（4）日常维护情况

1）系统启动

系统启动时，投加临近污水处理厂的好氧区污泥，或加入粪水，闷曝3~7天后开始少量进水，并观察检测出水水质，逐渐增大进水流量至设计值，同时调整曝气量，保持一定的气水比15~20：1，如果有条件应检测反应池内溶解氧含量，使其在2.0~3.5mg/L之间为宜。

2）日常维护

正常运行时，需观察填料载体上生物膜生长与脱落情况，并通过适当的气量调节防止生物膜的整体大规模脱落。确定有无曝气死角，调整曝气头位置，保证均匀曝气。定期察看有无填料结块堵塞现象发生并予以及时疏通。

定期对二沉池中的污泥进行处理，可以由市政槽车抽吸外运处理，也可经卫生处理后用作农田施肥。

（5）出水水质和排放要求

1）出水水质情况

一般对CODcr、BOD5、SS等常规性指标有较好的降解，可以高达80%~90%左右的处理效果，但对磷的处理效果较差。

2）排放要求

对总磷指标要求较高的农村地区应配套建设出水的深度除磷设施。

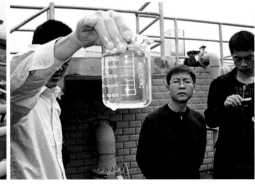

| 进水 | 接触氧化池 | 出水 |

（6）优缺点比较

生物接触氧化池优点：结构简单，占地面积小；污泥产量少，无污泥回流，无污泥膨胀；生物膜内微生物量稳定，生物相对丰富，对水质、水量波动的适应性强；操作简便、较活性污泥法的动力消耗少；对污染物去除效果好。

生物接触氧化池不足：加入生物填料导致建设费用增高；可调控性差；对磷的处理效果较差，对总磷指标要求较高的农村地区应配套建设出水的深度除磷设施。

（7）适用条件及地区

生物接触氧化池处理规模可大可小，可建造成单户、多户污水处理设施及村落污水处理站。为减少曝气耗电、降低运行成本，建议在福建省的山区利用地形高差，可利用跌水充氧完全或部分取代曝气充氧；若作为村落或乡镇污水处理设施，则建议在经济较为发达的地区采用该技术，可利用电能曝气充氧，提高处理效果。低温地区的山地或丘陵型农村生物接触氧化装置应建在室内或地下，并采取一定的保温措施保证冬季运行效果。

二、应用与效果分析

1. 应用案例

厌氧生物膜池+接触氧化池系统技术目前在福建省已有示范工程，如漳州大人庙污水处理厂，处理污水主要为周边农村的生活污水，处理能力为2000m³/d（图5-2-21）。

（1）工艺流程（图5-2-22）

（2）运行情况

该污水主要为生活污水，还有一定的石板加工、菇类加工废水，设计污水进出水水质指标如表5-2-3、表5-2-4所

图5-2-21 漳州大人庙污水处理厂工程实景照片

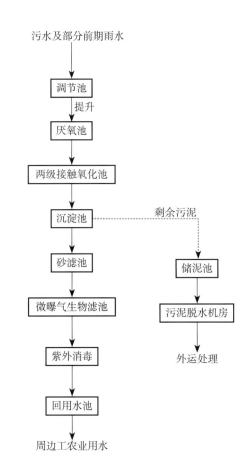

图5-2-22 漳州大人庙污水处理厂工艺流程图

示，其中出水水质指标按照《城镇污水处理厂污染物排放标准》GB 18918–2002中的一级A标准。

设计进出水水质指标（单位：mg/L，pH除外） 表5-2-3

污染物指标	CODcr	BOD5	SS	NH₃-N	TN	TP	pH
进水浓度（mg/L）	800	350	350	35	50	3.0～6.0	6～9
出水浓度（mg/L）	50	10	10	5（8）	15	0.5	6～9

实际进出水水质指标（单位：mg/L，pH除外） 表5-2-4

污染物指标	CODcr	BOD5	SS	NH₃-N	TN	TP	pH
进水浓度（mg/L）	66.00	25.00	61.00	16.50	19.80	2.00	7.71
出水浓度（mg/L）	10.00	7.00	6.00	0.26	8.60	0.50	7.76

从上述检测数据来看，该检测指标均达到了《城镇污水处理厂污染物排放标准》确定的一级A标准。

（3）成本分析

工程造价：实际工程造价约为2900～3000元/m³·d。

运行管理费用：本工程按一级A考虑的话，污水运行管理费用约1.0～1.5元/m³·d。本工程若按一级B考虑的话（后续砂滤池、曝气生物滤池可以不用考虑），动力消耗费用约0.15～0.20元/m³·d；人工管理费用约0.10～0.40元/m³·d，则污水运行管理费用约0.25～0.60元/m³·d。

2. 应用效果分析

本工程处理后的出水优于《城镇污水处理厂污染物排放标准》（GB 18918–2002）中的一级A标准。自运行以来，产生的剩余污泥较少，运行稳定，抗冲击负荷能力强，但运行费用偏高。

5.2.5 技术五 厌氧池+生态滤池系统

一、工作原理

厌氧池+生态滤池系统由厌氧池和生态滤池组合而成。厌氧池主要是用于微生物厌氧发酵，主要分水解、酸化、产氢产乙酸、产甲烷等阶段，主要作用是去除COD。

生态滤池是生物膜法的一种，具有净化效果好、投资省、运行费用低等特点，是利用人工填料形成的生物膜和水生植物形成的微型生态系统来进行污水净化的一种水处理技术。本指南所指生态滤池为高负荷生态滤池。生态滤池中，颗粒物的过滤主要由填料完成，可溶性污染物则通过生物膜和水生植物根系去除。生态滤池的植物以挺水植物为主，本质上是一个微型人工湿地系统，属于生态工程措施。生态滤池通常与环境工程处理单元联合使用，对经过生物处理设施的出水进行深度处理。生态滤池进水需要先做预处理，以去除较大的颗粒物，避免填料层堵塞。本技术所指的生态滤池为高负荷生态滤池，主要去除污水中悬浮物、有机物、氨氮等污染物。

1. 结构类型

生态滤池可按污染物的去除功能和水流流向进行分类。按照不同污染物的去除功能可分为碳氧化生态滤池，硝化生态滤池和反硝化生态滤池。按照水流在生态滤池中穿行的方向可分为上向流（池底进水，水流和空气同向运行）、下向流（池顶进水，水流和空气逆向运行）、侧向流（在池侧墙进水，水流和空气垂直相交运行）或折流式（单池中设置导流墙，使得水流上下翻腾）。

根据国内生态滤池工艺污水厂处理效率及参考各实验研究结果确定，碳氧化生态滤池对BOD5去除率可大于90%，硝化生态滤池氨氮去除率可大于80%，反硝化生态滤池系统总氮去处理可大于60%；生态滤池出水SS可小于20mg/L。

2. 工程造价及运行管理费用

生态滤池的池体、填料等原材料都可以就地取材，大大降低了建设成本，需要购置的是阀门和PVC管，但量比较少，滤池的建设和运行费用都非常低。整体上，生态滤池吨水处理成本约为污水处理厂的10%左右，但对土地需求约为污水处理厂的两倍，因此，对于土地资源相对紧张的村庄，应慎重选用生态滤池。

3. 日常维护情况

生态滤池构筑物简单，日常运行时，主要是巡检水泵等动力设备和滤料是否出现堵塞现象，通风效果是否良好；冬季水温较低时，应注意防冻，同时降低进水水量负荷，以保证处理效果；当进水水质很差时（BOD5＞200mg/L时），开启回流泵，将处理水回流，稀释原水，降低负荷。

4. 出水水质和排放要求

对CODcr、BOD5、SS等常规性指标有较好的降解，同时对磷的处理效果也较好，通过该技术处理后的出水一般可达到《城镇污水处理厂污染物排放标准》GB 18918—2002二级标准。可排入GB 3838地表水Ⅳ、Ⅴ类功能水域或GB 3097海水三、四类功能海域。

5. 优缺点比较

生态滤池的优点：占地小、抗冲击能力强、处理效果稳定等。

生态滤池的不足：污水进入生态滤池前，必须经过预处理降低悬浮物浓度，以防堵塞滤料。滤料上的生物膜不断脱落更新，随处理水流出，所以生态滤池后须设置二次沉淀池以沉淀悬浮物。

6. 适用条件及地区

适用于自然村或中小型聚居点的污水处理。对于可用土地面积少、地形坡度大、进水水质和水量波动大的污水处理站有较好的适用性。由于工艺布水特点，对环境温度有较高要求，适宜在年平均气温较高的地区使用。

二、应用与效果评价

1. 应用案例

厌氧池+梯式生态滤池，全国已有示范工程，如厦门翔安区大嶝街道污水处理站该处理站处理污水主要为周边农村的生活污水，处理能力为300m³/d（图5-2-23）。

（1）工艺流程

工艺流程如下图所示（图5-2-24~图5-2-29）：

（2）设计技术参数

梯式生态滤池   沉淀池（正在改造中）

梯式生态滤池   农田回灌

图5-2-23 厦门翔安区大嶝街道
污水处理站（处理能
力为300m³/d）实景照
片图

图5-2-24 厌氧池+梯式生态滤池
工艺流程图

生活污水 → 厌氧池 → 好氧滤池 → 好氧滤池 → 缺氧滤池 → 好氧滤池 → 出水

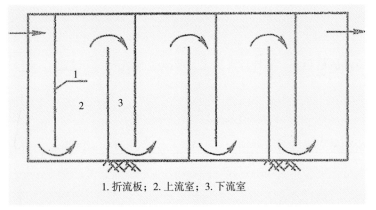

1. 折流板；2. 上流室；3. 下流室

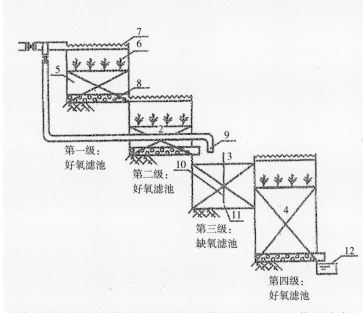

第一级：好氧滤池
第二级：好氧滤池
第三级：缺氧滤池
第四级：好氧滤池

1. 第一级好氧滤池；2. 第二级好氧滤池；3. 第三级好氧滤池；4. 第四级好氧滤池；5. 滤料；6. 植物；7. 半管式溢流布水管；8. 穿孔集水管；9. 分流布水管；10. 隔板；11. 隔板底部开孔；12. 沉淀池

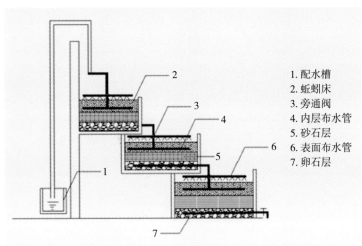

1. 配水槽
2. 蚯蚓床
3. 旁通阀
4. 内层布水管
5. 砂石层
6. 表面布水管
7. 卵石层

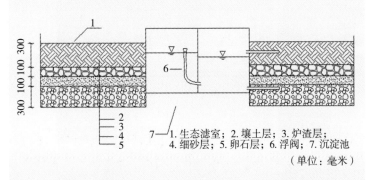

7. 1. 生态滤室；2. 壤土层；3. 炉渣层；4. 细砂层；5. 卵石层；6. 浮阀；7. 沉淀池
（单位：毫米）

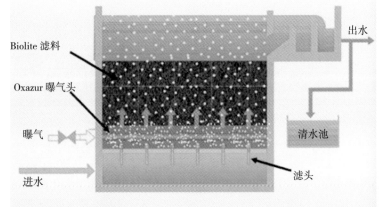

Biolite 滤料
Oxazur 曝气头
曝气
进水
出水
清水池
滤头

厌氧池：该工艺为厌氧池与梯式生态滤池集成组合，厌氧池采用高效折板厌氧池，通过设置上下折流板将厌氧池分为串联运行的下流室和上流室。厌氧池水力停留时间12~24小时，采用全砖混结构。池底采用20厘米碎石垫层上加20厘米混凝土防渗。厌氧池盖板采用10厘米厚预制水泥板，并预留入孔。厌氧池主部可覆土作绿化等使用。

梯式生态滤池：第一级好氧滤池水力停留时间为10~20分钟，第二级好氧滤池水力停留时间10~20分钟，缺氧滤池水力停留时间为30~60分钟，最后一级好氧滤池水力停留时间为20~30分钟。

梯式生态滤池设计表面水力负荷为1.5~2.5m³/（m²·d），第三级

25	26
27	
28	29

图5-2-25 厌氧池剖面示意图
图5-2-26 梯式生态滤池装置剖面示意图
图5-2-27 梯式生态滤池装置剖面结构示意图
图5-2-28 生态滤池结构示意图
图5-2-29 生态滤池剖面结构示意图

缺氧滤池与第一级好氧滤池水力负荷比值为1：2。滤池四周为砖混结构。滤池底部采取10厘米碎石垫层加10厘米混凝土作防渗。

（3）运行情况

污水主要为居民生活用水，设计进出水水质指标如表5-2-5所示，其中出水水质指标按照《城镇污水处理厂污染物排放标准》GB 18918—2002中的一级B标准执行：

设计进出水水质指标（单位：mg/L，pH除外）　　　　表5-2-5

污染物指标	CODcr	BOD5	SS	NH$_3$-N	TN	TP	pH
进水浓度（mg/L）	200	120	150	35	45	5.0	6～9
出水浓度（mg/L）	60	20	20	8（15）	20	1.0	6～9

实际运行期间，该技术有较好的去除效果。污水中进出水污染物浓度如表5-2-6所示：

实际进出水水质指标（单位：mg/L，pH除外）　　　　表5-2-6

污染物指标	CODcr	BOD5	SS	NH$_3$-N	TN	TP	pH
进水浓度（mg/L）	556.00	53.50	445.00	12.00	25.00	1.14	7.20
出水浓度（mg/L）	25.00	6.80	4.00	4.41	8.00	0.48	7.12

从上述检测数据来看，实际进水水质高于设计进水水质，出水水质基本上达到了《城镇污水处理厂污染物排放标准》确定的一级A标准。

（4）成本分析

以装置设计处理能力为300m³/d作为设计依据。"厌氧池+梯式生态滤池"工艺占地面积约为1400平方米，其中厌氧池占地面积约为400平方米，梯式生态滤池占地面积约为1000平方米。

（5）工程造价

经计算，以装置设计处理能力为300m³/d作为设计依据，工程造价约为1707.5元/m³·d。

梯式生态滤池工艺的基本建设费用主要包括三部分，即土建费用、材料费用、材料加工安装费用，资金来源为自筹。各部分费用概预算分别如下（表5-2-7、表5-2-8）。

梯式生态滤池土建费用概预算表 表5-2-7

序号	名称	单位	数量	单价（元）	总价（元）	备注
1	土方挖掘	m^3	120	2200	13200	
2	厌氧池	m^3	400	5000	100000	砖混
3	梯式生态滤池	m^3	1000	5000	250000	砖混
	合计				A=363200	

梯式生态滤池材料费用概预算表 表5-2-8

序号	名称	规格	单位	数量	单价（元）	总价（元）
1	PVC管	DN110	m	3600	200	36000
2	PVC管配件		个	1200	100	6000
3	填料	珍珠岩	m^3	300	4000	60000
		煤渣	m^3	300	1600	38000
4	植物种苗费		m^2	600	120	3600
	合计					B=143600

（6）材料加工安装费用

C=B×15%=143600×15%=19440元。

则费用总计为:A+B+C=363200+143600+19440=512240元。

设计处理能力为300m^3/d，则每吨水基本建设费用为：E=512240/300=1707.5元。

生态滤池的池体、填料等原材料都可以就地取材，大大降低了建设成本，需要购置的是阀门和PVC管。

（7）运行管理费用

整体上，该工艺的运行费用约为0.08～0.1元/m^3·d。

2. 应用效果分析

厌氧池+梯式生态滤池工艺是针对丘陵山区或存在一定地势落差的农村地区而开发的，充分利用势能，不仅脱氮除磷效果好，而且无动力运行，这样使得工艺的投资和运行费用大为降低，简单的工艺流程使得工艺的运行维护十分简便，非常适于丘陵山区或存在一定地势落差的农村地区推广应用。对于平原地区或无地势落差的，需采用提升泵实现工艺流程，但该工艺对土地需求约为污水处理厂的两倍，因此，对于土地资源相对紧张的地区鲜有使用。

5.2.6　产品一　基于填料和折叠板的废水生物膜反应器

目前全国农村每年有90多亿吨生活污水直接排放，绝大多数村庄没有排水渠道和污水处理系统，是造成农村水环境污染和水体富营养化的主要原因之一。

农村生活污水来源广泛、分散。表现出日趋严重的复合型污染特征，在治理上存在很大的困难。主要表现为管网建设难、投资大，设施管理运行费用高。农村村落分布面广，居民居住分散，由此导致农村生活污水的收集较为困难。

目前农村污水处理所采用的技术、设施普遍存在投资大、建设周期长、管理要求严格、运行费用高等现实问题，形成了建不起或用不起的两难局面，导致了相当部分的污水未经处理直接排放，形成大面积环境污染，已成为民生健康和环保的重大问题。研制出建得起、用得起的农村污水处理技术、设备，将对扭转我国农村生活污水处理的不利局面，有着重要的现实意义。

一、工作原理

本产品所要解决的问题在于针对现有技术设备的不足，如：①土建与设备投资很大；②由于受碳源及溶氧浓度控制的限制，生物脱氮能力不足；③运行时需要曝气，能耗较大；④活性污泥法，还会产生大量的剩余污泥。发明一种基于填料和折叠板的废水生物膜反应器，它能将废水厌氧处理、好氧处理、生物脱氮有机结合到一个反应器中，占地面积小，节省土建投资；由于只使用水泵提升至布水槽后，废水靠重力在折叠板之间自流，充分地与空气接触，不需要安装曝气装置，达到良好的溶氧效果，减少了设备投资，降低了运行、维护成本；由于采用的是生物膜法，各类微生物固着在载体上，实现了水力停留时间与污泥停留时间的分离，从源头上减少了剩余污泥量。在折叠板上，溶解氧浓度沿着生物膜垂直向下的方向逐步降低，自动形成了好氧区、缺氧区以及厌氧区，利于硝化与反硝化细菌的生长。厌氧处理分解的部分产物、菌体自溶物为反硝化提供碳源，提高了脱氮效率。

1. 工艺流程

为了实现上述目的，本产品采用如下技术方案：一种基于填料和折叠板的废水生物膜反应器，包括折叠板和与所述生物膜反应器连通的进水调节池、斜管沉淀池，在所述生物膜反应器、进水调节池和斜管沉淀池之间连通的进（出）水管，所述生物膜反应器由布水槽、折叠板、支架、集水池组成（图5-2-30）。

2. 技术特点

本产品技术特点如下：

（1）生物膜反应器上部安装有布水槽，布水槽通过恒流泵及管道与进水调节池连通，布水槽出水口处设置齿状溢流槽。

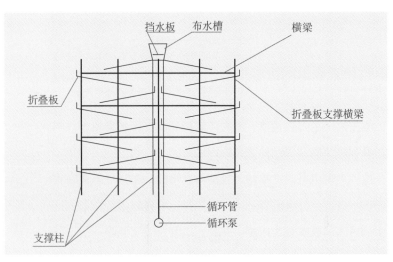

（2）所述折叠板为多块，与水平方向成一定角度竖直排布，废水沿折叠板逐板流过，折叠板平面上粘结生物亲和性高分子材料，如海绵、活性炭、多空陶瓷、火山石等多孔介质材料以及棉纱、高分子聚酯纤维丝等丝状介质材料。

（3）生物膜反应器下部安装有集水池，集水池通过循环泵与布水槽连通，集水池通过溢流口与斜管沉淀池连通。

3. 技术效益

本产品装置的有益效果是：

（1）生物膜反应器将进水调节池中的废水，经过进水泵进行一次提升，流入布水槽，使废水均匀地跌落在折叠板上，达到均匀布水的目的。

（2）生物膜反应器折叠板是多级的，水流逐级在折叠板间跌落，废水在流动及跌落过程中会与空气充分接触，实现跌落充氧，因此不需要曝气装置，可以减少总电耗的10%～30%，降低运行成本。

（3）生物膜反应器折叠板向上的平面上粘结生物亲和性填料，能够有效地增加折叠板的比表面积，微生物更稳定的附着于填料上，利于生长周期缓慢的微生物生长，随着填料厚度的增加，溶解氧浓度逐渐降低，一个反应器上形成了好氧区、缺氧区及厌氧区，实现废水的同步硝化反硝化。

（4）生物膜反应器下部的集水池通过循环泵与上部的布水槽连通，增加了水力停留时间，保证出水水质。

（5）沉淀池将老化的生物膜沉淀分离，降低出水中的固体悬浮物含量。

二、产品介绍（图5-2-31）

三、应用与效果分析

1. 应用案例

该产品的实验测试现场为广东省佛山市高明污水处理厂，对该产品的各项

图5-2-30 基于填料和折叠板的废水生物膜反应器污水处理装置结构示意图

图5-2-31 折叠曝气污水处理装置实物图（4台串联）

图5-2-32 小型一体化污水处理试
验现场（佛山市高明污
水处理厂实验现场）

污水处理效果进行测试（图5-2-32）。安装与运行主要包括：

（1）实施现场由四级同样型号的折叠曝气设备串联组成。

（2）污水由调节池泵入第一级折叠曝气设备，由循环泵抽至顶端的布水槽，进行折叠曝气处理。

（3）污水由第一级折叠曝气水箱/池自流至第二级折叠曝气设备，再由第二级自流至第三级，再由第三级自流至第四级，然后排水。

（4）现场无需专人管理。

2. 投资分析

按照《城镇污水处理厂污染物排放标准》一级B标准，水量50m³/d，进水COD100-350mg/L的条件来进行分析核算（表5-2-9）。

《城镇污水处理厂污染物排放标准》一级B标准主要污染物排放参数 表5-2-9

项目	COD	BOD	氨氮	总氮	TP	SS	PH
参数	≤60	≤20	≤8	≤20	≤1	≤20	6～9

（注：除pH外，其余参数单位：mg/L）

（1）运行费用

运行费用主要包括上述的能源费用、实惠费用和人工费用。

1）能耗费用

总装机功率：5×50=250（瓦）；

每天电耗：250×24=6000w·h=6（度电）；

处理1立方米污水能耗为：6÷50=0.12（度电）；

按每度电0.8元计算，则每立方米污水运行电费为：0.8×0.12=0.096（元）。

2）石灰费用

石灰消耗量：每天0.5（千克）；

按1千克石灰1元计算，则每天石灰费用为：1×0.5=0.5（元）；

处理1立方米污水的石灰费用为：0.5÷50=0.01（元）。

3）人工费用

人工费用主要包括巡查费用和污泥清理费用。

巡查费用按每月巡查一次，每次100元，折合每立方米污水的巡查人工费用为100÷（50×30）=0.067（元/m³）。

污泥清理按6个月清理一次剩余污泥，每次人工费用200元，折合每立方米污水的污泥清理费用为200÷（50×30×6）=0.022（元/m³）。

以上人工费=巡查费用+污泥清理费用=0.067+0.022=0.089（元/m³）。

综合上述能源费用、实惠费用和人工费用，总的运行费用为：

运行费用=电费+石灰费+人工费=0.096+0.01+0.089=0.195（元/m³）

（2）投资费用

1）设备投资。每套处理设备投资约为15000元，按四台串联，则设备总投资为4×15000=60000（元）。

2）土建投资。按每个容积4立方米（长2米、宽2米、深1米），砖砌，表面混凝土抹平。每个投资约1000元，四个池总投资4000元。

3）电控柜。电控柜投资约为1000元。

4）安全护栏及标识。投资约1000元。

以上投资费用=设备投资+土建投资+电控柜+安全护栏及标识=60000+4000+1000+1000=66000（元）。

则每立方米污水投资费用为：66000÷50=1320元。

运行费：0.195元/m³；投资费：1320元/m³。

3. 应用情况

（1）启动速度快

进水后两天的进出水水质参数情况如表5-2-10所示（图5-2-33）。

图5-2-33　折叠曝气污水处理装
置调试两天后生物膜
生长状态

折叠曝气设备启动两天后的进出水水质参数　　　　表5-2-10

进水		出水	
COD	178.3	COD	41.7
TP	3.35	TP	2.57
氨氮	16.06	氨氮	5.69
总氮	28.33	总氮	18.91
SS	87	SS	22

（2）处理效果好

进水后7天的出水水质参数情况如表5-2-11所示。

折叠曝气设备进水调试7天后的出水水质参数　　　　表5-2-11

进水	出水		一级B标准
COD	COD	45.6	60
TP	TP	1.76	1
氨氮	氨氮	0.4	8
总氮	总氮	18.52	20
SS	SS	15	20

（3）模块化组适应不同需求

以一台为一个处理模块，根据水量及排放标准的要求，采用并联方式，适应不同处理水量的要求；采用串联方式，适应排放水质的提标要求。

（4）耐负荷冲击能力强、稳定可靠、运行管理简单

现场设置了水量突变，由$0.1 \sim 9m^3/h$，设置突然停电、停水等突发情况，以检验设备的可靠性、稳定性。折叠曝气设备均经受住了检验。由于折叠曝气设备的控制参数仅为水泵流量，取代了常规污水好氧处理的风机风量控制、溶氧、污泥量、污泥参数等参数的检测控制，运行管理简单，实现无人值守。

（5）剩余污泥少

除灰分外，剩余污泥中的有机质部分全部在生物膜底层（厌氧层）分解为水、气体及小分子有机物。小分子有机物作为生物脱氮反硝化所需的碳源被利用。视污水灰分含量，半年至一年，外排一次剩余污泥，剩余污泥用作有机肥。

（6）耐恶劣气象条件能力强

在冰雪气象条件下，用塑料大棚遮蔽整个设备，维持大棚内温度0℃以上，设备就可正常运行。

该设备还对佛山市顺德区北滘镇乡村河涌的水体污染进行测试（图5-2-34），由于流入该河涌的污染点多，河涌宽度为50米，水流量大，每天两次潮汐变化，污染物很容易进入主河道，从而造成严重的污染后果。采用传统技术治理，则面临投资大、工期长等问题。而采用本折叠曝气技术，具有投资省、见效快等特点。

图5-2-34　折叠曝气污水处理装置运用于佛山书顺德区北滘镇的河涌污水处理

4. 应用效果分析

（1）启动速度快

2~7天可以完成启动。空气、水体中含有种类繁多的微生物。循环水流经折叠板，在折叠板上形成了高溶氧，为好氧微生物增殖提供了优良的条件。随着好氧生物膜的快速形成，其底层的溶氧降低，形成了兼性、厌氧生物膜层。此三层生物膜通过吸附、降解的方式去除污染物。厌氧降解产物为反硝化脱氮提供了丰富的碳源，同时也为好氧、嫌性菌生长代谢提供了丰富营养，多余的有机质（菌体）通过厌氧降解为气体和水。形成三层生物膜动态平衡。

（2）脱氮效率高

好氧、兼性、厌氧层，为生物脱氮提供了良好的溶氧梯度变化条件。厌氧分解产物，为反硝化提供了丰富碳源。

（3）生物污泥少

由于厌氧层的作用，有机质被分解。大幅度减少了剩余污泥排放。视污水灰分含量，半年至一年外排一次剩余污泥，剩余污泥用作有机肥。

（4）节能

传统活性污泥法、生物膜法等好氧处理方法，是将压缩空气分散到水中，通过气液传质，使氧气溶解于水中，为活性污泥好氧代谢供氧。由于氧气是难溶气体，理论溶氧效率为30%（体积百分数）。在水中，由于密度差，空气与水的接触时间有限。溶氧效率低于理论溶氧效率。

折叠曝气则是将水分布于空气中，通过跌落、流动，使氧气溶解于水中。水流动，空气无限量供应。节省能耗30%~50%。

（5）运行管理容易

控制循环泵流量取代传统活性污泥、接触氧化法的风量、溶氧、污泥参数控制，运行管理简单易行、无人值守。

（6）投资省

对水池深度没有严格要求，仅有容积要求，节约50%以上的土建投资。循环泵、折叠板取代风机、布气管、曝气头等，节省设备投资30%~50%。

（7）施工速度快

设备模块化，现场组装，实现快速施工。

（8）适应性强

由于折叠板之间透风、抗风能力强。通过加装塑料大棚遮蔽一体化设备，在冰雪天气条件下仍能正常使用。通过串联、并联，适应不同水量、不同排放要求。

（9）除磷效果不足

由于没有经常性排泥，仅靠菌体富集，反应器除磷效率有限。可以通过人工湿地处理，达到除磷效果。也可以采用勤排泥，或添加石灰水的方式达到较高的除磷效果。

5.2.7 产品二 简易筛网式曝气装置

为了保证废水处理好氧池中活性污泥的活性，需要在废水处理过程中利用曝气装置向曝气池中供应氧气。曝气过程不仅可以使废水与氧气充分接触，促进氧气的溶解，而且由于空气的搅拌作用，使得废水混合均匀，防止池中悬浮体下沉，促进废水中有机物的氧化分解作用，提高处理效率。现在广泛使用的布气方法主要通过在池底铺设布气管道，在各个管道上以串联的方式安装成型的布气头，实现好氧池的曝气增氧，但是，通用的曝气头容易损坏，由于采用串联形式，一个曝气头损坏，会造成整条空气管路短路，需要专业工人及时下潜维修，或者排尽好氧池中的废水以更换曝气头，也有采用悬挂式水下布气头，更换布气头时需将整个布气装置提出水面，无论哪种方法，均存在维修难度大，维护费用高，更换时需要停产等缺陷，极大地限制了好氧池的使用效率，所以设计一种简单耐用、维护方便的曝气装置对提高废水处理效率就有重要的现实意义（图5-2-35）。

一、工作原理

一种简易筛网式曝气装置，包括风机、布气管、若干筛网，所述布气管布气总管连接风机，所述布气管位于曝气池底部的水平排气部分包括若干条并联分布的布气支管，每条布气支管的底部沿所述布气支管长度方向等距地设置有若干布气孔，所述筛网平行等距地固定在布气支管上且位于每个布气孔的正上方，本装置的空气能通过并列分布的布气孔均匀输入到曝气池内，结构简单、维护方便且彼此不干扰。

相比现有技术，本装置具有如下有益效果：本装置所使用的筛网，取材方便，价格适中，极大降低了废水处理的成本，具有重要的现实意义。筛网利用加固绳固定在布气管上，安装简便。管道距离曝气池底部约40~50毫米，从布气孔喷出的空气，经过筛网网孔的切割作用，形成无数的细小气泡，从而增加了空气和水的接触面积，强化了氧的传质作用；另一方面，使得污泥和废水充分接触，有利于废水中有机物的氧化分解。此外，筛网的阻挡作用和上下摆动所产生的搅拌作用，减少了筛网下部的污泥沉积，从而降低了布气孔堵塞的可能性。即使部分曝气头损坏也不会影响对其他曝气头的正常工作。综上所述该套曝气装置施工简单，成本低廉，克服了传统曝气装置易损坏、维修难、成本高等缺点，所以本发明非常适合规模化的废水处理，而且这套曝气装置已在工业上得到应用，并取得了良好的效果。

如图5-2-36所示，一种简易筛网式曝气装置，包括风机1、布气管2、若干筛网5，所述布气管2布气总管连接风机1，所述布气管2位于曝气池底部的水平排气部分包括若干条

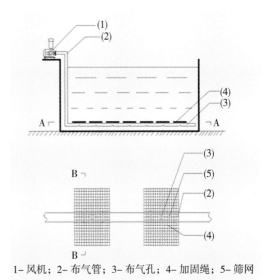

1- 风机；2- 布气管；3- 布气孔；4- 加固绳；5- 筛网

35	36
	37

图5-2-35　传统曝气头实物图

图5-2-36　简易筛网式曝气装置
　　　　　结构示意图

图5-2-37　简易筛网式曝气装置
　　　　　运行正反图

并联分布的布气支管，每条布气支管的底部沿所述布气支管长度方向等距地设置若干布气孔3，所述筛网5平行等距地固定在布气支管上且位于每个布气孔3的正上方，本装置的空气能通过并列分布的布气孔均匀输入到曝气池内，结构简单、维护方便且彼此不干扰。

二、产品介绍

1. 产品图样（图5-2-37）

在本产品的另一个实施例中，所述布气孔3的直径为10～20毫米，以使气流具备合适的压力和流量，布气孔3内设置有防止曝气池中的水回流到布气管2内的止回阀，布气支管距离曝气池底部40～50毫米，既能对池内废水充分曝气，又不会阻碍气流的流动；筛网5的网孔是整齐排列的，孔径在2～10毫米，太小则气流不易通过，易堵塞，太小则不能很好地均布气流，以确保网孔能够打碎气泡和达到分散空气流的作用。筛网5的材料为高分子材料或者金属材料，这种材料要保证筛网具有可活动性，而且筛网5来回摆动的过程中不会断裂或者出现其他类型的损坏；筛网5通过加固绳4固定在布气支管上，结构简单，操作和维护方便；筛网5的间距为40～50毫米，以充分均化气流。

所述布气管2可以用金属管道也可用塑料管道，布气支管在贴近池底部位处开孔，孔径在20～30毫米，孔与孔间隔为30～50毫米，整齐排列。开孔处安装止回阀，防止当曝气停止后污水或者污泥进入管道内，造成管道堵塞。其中，筛网5固定在管道的上端，可以用金属丝固定，也可以用其他方法固定。布气孔3位于筛网5的下部，空气流对筛网5形成向上的冲击力，此外，筛网5也会受到水向下的压力，由于筛网5在气流和水压的双重作用下，上下摆动，产生切割力，分散气流，打碎气泡。同时筛网5的摆动也会产生搅拌作用，使水和空气充分接触，增大氧接触面积，从而提高了溶氧效率，再次，筛网5的摆动作用可有效防止活性污泥在管道附近沉降阻塞管道。风机1的功率可以根据曝气池所需的溶氧量来选择。

2. 安装准备

本装置在安装前的准备工作包括：

（1）整个布气管2的材质均为ABS或者金属材质，安装前应检查是否完好无损，有无裂纹和断裂。

（2）检查布气孔3是否已准备完好，并测试布气孔3的止回阀是否完好。

（3）布气管2的布气总管铺设在滤梁上，采用ABS支架，用膨胀螺栓进行固定。

（4）布气管2的布气总管上已制作支管安装内螺纹，布气支管安装时直接进行连接。布气支管连接时应由两人完成，一人保证布气支管水平，一人将布气支管与总管连接，连接时应用力均匀，保证接合紧密牢固。布气支管用ABS支架及膨胀螺栓固定在滤梁上，支架安装时按照要求均匀布置。

（5）本产品的其余部件与布气管2安装好后，用手推动不应在布气管2上移动，应保证曝气器固定。

（6）待布气支管在曝气池内铺设好，然后将筛网5固定在布气支管上，筛网5平行排列，筛网5间隔为5厘米为宜，筛网5固定在曝气管上时一定要注意，筛网5在布气支管两侧为相同的距离。

（7）在整个装置正式安装成功后，在池中通入清水，水位在筛网5上10～20厘米左右。然后启动装置，观察筛网5的摆动，通过观察筛网5的摆动来确定筛网5的安装是否有误。

5.2.8 产品三 聚乙烯化粪池

一、工作原理

聚乙烯化粪池是基于污泥生化理论，采用生物膜法处理技术设计制造。生活污水从化粪池上部进水口进入池体中沉淀，比重大的部分沉入池底进行化粪处理，比重小的部分漂浮于水面上层，可从清理口捞出。在化粪池隔板处，由于变直流水为环流水化粪原理，并通过过滤器的处理，污水在池体中的滞留时间增长，污水在池内与沉淀污泥的接触反应时间更长，大量的微生物在过滤器表面繁殖形成生物膜，污水与过滤器微生物接触，污水中有机污染物被生物分解吞食，从而实现对污水的净化处理。

聚乙烯化粪池区别于传统化粪池（传统化粪池主要采用砖混和混凝土构建而成）的是采用优质环保型线性密度聚乙烯原料经旋转滚塑一次中空成型，使化粪池整体无接缝，能保证化粪池在制造中无毒、无味、无污染、整体密封、防渗漏、耐腐蚀性能良好（图5-2-38）。

二、产品介绍

1. 产品图样（图5-2-39）

2. 功能分区

聚乙烯化粪池主要由三大部分组成：

一是沉淀腐化区，其主要功能和作用是对生活污水进行沉淀，以去除废水中可沉淀粗大的物质，同时废水在此进行化粪作用，并借助于污水中所含大量

图5-2-38　**聚乙烯化粪池处理生活污水结构流程图**

图5-2-39　**聚乙烯化粪池外观图（全塑卧式、立式化粪池）**

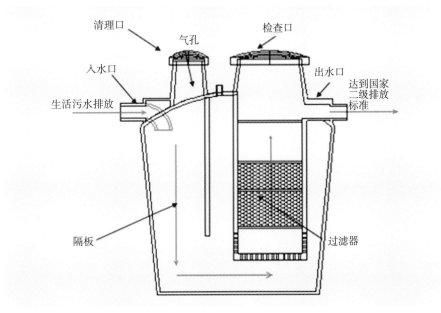

微生物的作用，培育出适应性和活性很强的微生物群体，使一部分结构复杂的难分解的有机物被降解为易分解的物质；

二是隔板，主要是将池里的水从直流水转成环流水，使污水在池体中的滞留时间延长，使污水在池内与沉淀污泥的接触反应时间更长，产生更多的微生物，对污水中的有机物进行分解吞食；

三是过滤器处理区，其功能是将污水在此区域内得到进一步处理。将污水中的有机物转化为无害的无机物质是该设备的关键组成部分。在此区域内经过一定时间的培养，大量微生物在过滤器表面繁殖形成生物膜。污水与过滤器表面生物膜接触，污水中的有机污染物被微生物截流、吸附和分解，实现对污水的净化处理。

3. 工程造价及运行管理费用

（1）工程造价

聚乙烯化粪池单体，造价约为1500元m³/d，考虑安装、土建等，则综合造价约为2000元m³/d。整体建设费用见表5-2-12。

一体化化粪池建设费用表　　　　　　　　　表5-2-12

产品名称	规格型号	总体积（T）	池体总长（mm）	池体总宽（mm）	池体总高（mm）	售价（元/套）
复合酶生物处理一体化化粪池	RST-2（3户）	2	1500	1500	1760	5720
	RST-3（6户）	3	2290	1480	1650	10470
	RST-5（9户）	5	2885	1840	1860	27000

（2）运行管理费用

无运行管理费用，只需每两年清掏一次，人工费约为200元/次。

4. 日常维护情况

该产品安装后无需人员看管，但需保证进水水质一定，特别是对于有管网收集进入该化粪池的，管网必须雨污分流。

5. 出水情况及排放要求

（1）出水水质情况

经过化粪池处理后的污水，一般对CODcr、BOD5、SS等常规性指标有较好的降解，去除率约50%，但对氮、磷等指标处理效果较差。

（2）排放要求

在经济条件发达或较发达的农村，应与其他污水处理设施相结合，对化粪池出水进行进一步降解；在经济条件欠发达、环境容量较大的边远农村，可以作为污水处理工艺直接使用。

化粪池使用说明　　　　　　　　村民家化粪池位置　　　　　　　　非入受纳水体

图5-2-40　永春桃城镇丰山村污
水处理池实景照片

图5-2-41　厦门茂林河道工程安
装现场

6. 优缺点比较

化粪池的优点是结构简单、经济实用、清洁卫生、粪便无害化处理效果好、无需运行维护。缺点是有机物的降解效率不高，直接排放至水体易造成环境危害。

7. 适用条件及地区

适用于分散型、无管网集中收集的平原型、山地型、沿海型农村；同时也适用于集中型、有管网收集，且管网必须实行雨污分流、农户从几户到几百户的农村。可广泛应用于农村污水的初级处理，特别适用于旱厕改造后，水冲式厕所粪便与尿液的预处理，如果有蔬菜种植和果林种植等产业，也可以作为不同产业的肥料来源。一个聚乙烯化粪池规模可以从1m³/d到5m³/d，5m³/d以上的需订制。

三、应用与效果分析

1. 应用案例

聚乙烯化粪池目前在福建省、浙江省、江西省等已经有很广泛的应用，如永春桃城镇丰山村污水处理系统——采用1吨聚乙烯化粪池（一户一个）；漳州南靖县山城镇污水处理系统——采用18个5吨聚乙烯化粪池；福州市森林公园公厕污水处理系统——采用15个15吨聚乙烯化粪池（每个公厕一个，共15个）（图5-2-40、图5-2-41）。

图5-2-42 聚乙烯化粪池处理生活污水工艺流程图

（1）工艺流程（图5-2-42）

（2）运行情况

上述指标基本可以达到《城镇污水处理厂污染物排放标准》GB 18918—2002二级标准。

福建省永春县桃城镇丰山村的污水主要为居民生活用水，仅有少量畜禽养殖废水，设计进出水水质指标如表5-2-13所示：

设计进出水水质指标（单位：mg/L，pH除外）　　　　表5-2-13

污染物指标	CODcr	BOD5	SS	NH3-N	TN	TP	pH
进水浓度（mg/L）	100~150	—	100~150	20~30	30~40	3~6	6.5~7.5
出水浓度（mg/L）	60	—	30	8（15）	20	1	6~9

实际运行期间，该技术有较好的去除效果。污水中进出水污染物浓度如表5-2-14所示：

实际出水水质指标（单位：mg/L，pH除外）　　　　表5-2-14

污染物指标	CODcr	BOD5	SS	NH3-N	TN	TP	pH
出水浓度（mg/L）	39.2	7.96	25	6.40	11.1	1.23	7.52

从上述检测数据来看，所有指标基本上满足《城镇污水处理厂污染物排放标准》（GB18918—2002）二级标准。

（3）成本分析

工程造价：聚乙烯化粪池单体，造价约为1500元/m³·d，考虑安装、土建等，则综合造价约为2000元/m³·d。

运行管理费用：无运行管理费用，只需每两年清掏一次。

2. 应用效果分析

聚乙烯化粪池具有一定的脱氮除磷功能，工艺简单、管理方便，是比较适于分散式农村污水处理的，但聚乙烯化粪池耐冲击负荷较差，设计时应注意完善污水收集系统，保证排水体制为雨污分流制。

5.2.9 产品四 砖砌及钢筋混凝土化粪池

一、工作原理

化粪池是一种利用沉淀和厌氧微生物发酵的原理，以去除粪便污水或其他生活污水中悬浮物、有机物和病原微生物为主要目的的污水初级处理设施。

污水通过化粪池的沉淀作用可去除大部分悬浮物（SS），通过微生物的厌氧发酵作用可降解部分有机物（CODcr和BOD5），池底沉积的污泥可用作有机肥。通过化粪池的预处理可有效防止管道堵塞，亦可有效降低后续处理单元的污染负荷。

化粪池根据建筑材料和结构的不同主要可分为砖砌化粪池、现浇钢筋混凝土化粪池、预制钢筋混凝土化粪池和玻璃钢化粪池等。根据池子形状可以分为矩形化粪池和圆形化粪池。根据池子格数可以分为单格化粪池、两格化粪池、三格化粪池和四格化粪池等，较为常见的是矩形三格式化粪池（图5-2-43、图5-2-44）。

二、产品介绍

1. **产品图样**（图5-2-45）

2. **工程造价及运行管理费用**

（1）工程造价

化粪池类型和材质不同，其造价亦不同。国标砖砌化粪池与预制钢筋混凝土组合式化粪池的单池价格预算如下表所示。

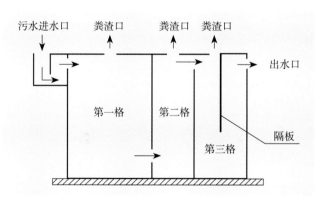

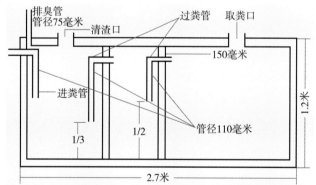

43　44

45

图5-2-43　**三格式化粪池示意图**

图5-2-44　**三格式化粪池剖面示意图**

图5-2-45　**混凝土化粪池实物示意图**
（图片来源：网络）

国标砖砌化粪池与预制钢筋混凝土化粪池单池预算表　　　表5-2-15

容积（m³）	1.8	2.5	15	20	40	100
国标砖砌（万元）	0.17	0.21	1.37	1.42	2.51	6.27
预制钢筋混凝土（万元）	—	—	0.82	1.23	2.13	4.93

（2）运行管理费用

无运行管理费用，只需每半年到一年清掏一次，人工费约为200元/m³一次。

3. 日常维护情况

化粪池的日常维护检查包括化粪池的水量控制、防漏、防臭、清理格栅杂物、清理池渣等工作。

（1）水量控制：化粪池瞬时水量不宜过大，过大的水量会稀释池内粪便等固体有机物，缩短了固体有机物的厌氧消化时间，会降低化粪池的处理效果；且大水量易带走悬浮固体，易造成管道的堵塞。

（2）防漏检查：应定期检查化粪池的防渗设施，以免粪液渗漏污染地下水和周边环境。

（3）防臭检查：化粪池的密封性也应进行定期检查，要注意化粪池的池盖是否盖好，避免池内恶臭气体溢出污染周边空气。

（4）清理格栅杂物：若化粪池第一格安置有格栅时，应注意检查格栅，发现有大量杂物时应及时清理，防止格栅堵塞。

（5）清理池渣：化粪池建成投入使用初期，可不进行污泥和池渣的清理，运行1~3年后，可采用专用的槽罐车，对化粪池池渣每年清抽一次。

（6）其他注意事项：在清渣或取粪水时，不得在池边点灯、吸烟等，以防粪便发酵产生的沼气遇火爆炸；检查或清理池渣后，井盖要盖好，以免对人畜造成危害。

4. 出水水质和排放要求

（1）出水水质情况

经过化粪池处理后的污水，一般对CODcr、BOD5、SS等常规性指标有较好的降解，去除率约50%，但对氮、磷等指标处理效果较差。

（2）排放要求

在经济条件发达或较发达的农村，应与其他污水处理设施相结合，对化粪池出水进行进一步降解；在经济条件欠发达或环境容量较大的偏远农村，可以作为污水处理工艺直接使用。

5. 优缺点比较

化粪池的优点是结构简单、经济实用、清洁卫生、粪便无害化处理效果好、无需运行维护。缺点有机物的降解效率不高，直接排放至水体易造成环境危害。

6. 适用条件及地区

适用于分散型、无管网集中收集的平原型、山地型、沿海型农村；同时也适用于集中型、有管网收集，且管网必须实行雨污分流、农户从几户到几百户的农村。可广泛应用于农村污水的初级处理，特别适用于旱厕改造后，水冲式厕所粪便与尿液的预处理，如果有蔬菜种植和果林种植等产业，也可以作为不同产业的肥料来源。化粪池规模可以从1m³/d到100m³/d。

三、应用与效果分析

1. 应用案例

三格化粪池在我国已经有很广泛的应用，如福建省莆田城厢区常太镇洋边村污水处理系统——三格化粪池+回喷果园。该地区污水主要为每家农户通过自建的三格化粪池处理后，通过管道收集，最终通过泵抽至山上喷灌果园，每户处理规模为1m³/d（图5-2-46、图5-2-47）。

（1）工艺流程（图5-2-48）

（2）运行情况

污水主要为居民生活用水，污水中污染物浓度如下：CODcr=100～200mg/L，SS=150～200mg/L，NH3-N=20～25mg/L，TN=30～35mg/L，TP=3～5mg/L，pH=6.5～7.5。经化粪池处理后的污水，对CODcr、BOD5、SS等常规性指标有较好的降解，可达到高达50%左右的处理效果，但对氮、磷等指标处理效果甚微。

图5-2-46　三格化粪池外观图

图5-2-47　莆田城厢区常太镇洋边村污水处理系统实景

图5-2-48　化粪池处理生活污水工艺流程图

三格化粪池实景

浇灌的果园

生活污水 → 化粪池（厌氧分解）→（泵抽）→ 果园回喷

（3）成本分析

工程造价约为2100元/m³·d（含土建、设备费用），运行成本为提升泵电耗费，约为0.04元/m³·d。

2. 应用效果分析

化粪池瞬时水量不宜过大，过大的水量会稀释池内粪便等固体有机物，缩短了固体有机物的厌氧消化时间，会降低化粪池的处理效果；且大水量易带走悬浮固体，易造成管道的堵塞。化粪池耐冲击负荷较差，设计时应注意完善污水收集系统，保证排水体制为雨污分流制。

出水不能直接排放水体，出水可用于果园回喷，确实需要排放水体的，需根据不同的出水要求，通过管道收集后与其他生物处理工艺组合后进行进一步的深度处理后达标排放。

5.2.10 产品五 小型净化槽

一、工作原理

小型净化槽是一种将单户住宅的生活污水进行就地处理、就地排放的地埋式一体化生活污水处理设备，是一个非常成熟的技术产品。

由于不需要污水管网，所以对离开市中心的人口分散地区（如农村）来说，成本上是有利的。人口越是分散的地区，成本上越有利（图5-2-49）。

净化槽设置地点不受地形的影响，山区及河川湖泊周边等管网铺设困难的地区也能简单地设置。可以结合实际情况和地形，灵活设计处理方案，通过先进的一体化设备实现分散生活污水的处理。

农村污水集中处理由于管道太长、施工品质恶劣导致管道损坏、堵塞、漏水等问题频发，使用该一体化生活污水处理设备可有效防止管道损坏、阻塞、漏水而导致的环境污染，并且可以节省大量的管道建设成本（图5-2-50）。

净化槽不仅实现了一体化、设备化，还同时可以获得和城镇污水处理厂同等的处理效果，相当于一个小型污水处理厂（图5-2-51），通过化粪池大小的设备即可获得污水处理厂的效果。

由于是工厂生产线批量生产，品质十分稳定。设备为树脂产品，寿命很长。安装简单，一周左右即可完成施工。

无需电控柜，没有复杂的控制程序。通过简单的维护管理即可稳定地进行污水的处理。

产品部件功能以及工艺流程如图5-2-52、图5-2-53所示。

二、产品介绍

1. 产品图样（图5-2-54）

2. 产品特点

（1）产品工艺成熟，处理效果稳定，相关处理水质标准达到国家城镇污水处理厂污染

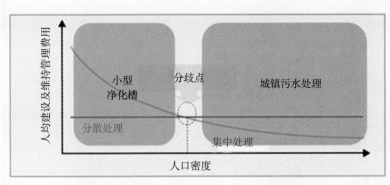

每个人的平均成本不随人口增减而变化，保持一定。

人口越多，每个人的平均成本越经济实惠。

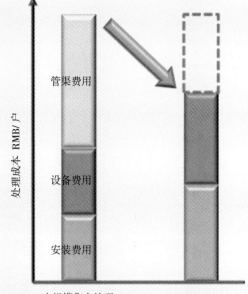

小规模集中处理
（包括集中式一体化设备）

小型净化槽

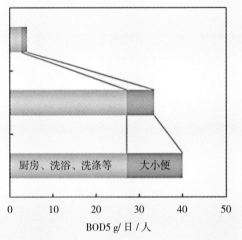

全部的生活废水通过净化槽处理的情况下

仅有大小便通过化粪池处理的情况下

所有的生活废水都不处理的情况下

厨房、洗浴、洗涤等　　大小便

BOD5 g/日/人

入水

杂物去除池

出水

消毒池

沉淀池

载体流动槽

厌氧滤床池

消毒槽

夹杂物去除槽

厌氧滤床槽

载体流动槽

沉淀槽

净化槽

化粪池

物排放一级B标准。

（2）品质优异、工厂化整体制作，使用寿命长（30年）。FRP材料罐体，耐腐蚀，品质有保障。

（3）运行简单、维护方便。净化槽只有曝气风机不间断运行（唯一动力设备，使用寿命10年），无需其他操作；系统自动化运行维护简单。

（4）土建造价低、施工时间短。水处理技术的高度集成，无需大规模排管工程施工，极大降低管网等土建施工费用，施工周期只有混凝土结构工期的1/3以下。

3. 产品部件功能

（1）夹杂物去除槽：将流入水中较大的夹杂物、固形物、油脂进行分离，储留污泥。

（2）厌氧滤床槽：填充了过滤材料，在污水通过时，将固形物分离，储留污泥。此外，通过厌氧性微生物的作用，将有机物进行厌氧分解，并进行氧化态氮的脱氮。

（3）载体流动槽：通过附着在填充与槽内载体上的微生物的作用，分解有机物以及使氨态氮进行硝化反应。

（4）沉淀槽：对从载体流动槽移送的处理水中的浮游物质进行沉淀分离，在得到澄清上清液的同时，将分离的污泥回送到载体流动槽中。此外，通过安装在槽内的气动装置，将分离的污泥移送到夹杂物去除槽。通过集水管从溢流坝溢流，通过空气升液装置移送至消毒槽。另外，在向消毒槽移流的部位设置溢流坝，使得结构上可以将空气升液装置未能完全移送的处理水溢流至消毒槽。

（5）消毒槽：使用消毒剂对处理水进行消毒后排放。

4. 设计参数

设备进水设计参数为：BOD：200mg/L，T-N:45mg/L，SS：160mg/L；出水设计参数为：BOD≤20mg/L，T-N≤20mg/L，SS≤15mg/L。

5. 设备尺寸（表5-2-16）

小型净化槽设备设计参数表

表5-2-16

名称	型号	规格（mm）	材质	渗漏、变形	壁厚（mm）	弯曲强度（MPa）	拉伸强度（MPa）	巴氏硬度（HBa）
	HJA10	2190×1120×1580	FRP	无	≥4	≥109	≥60	≥34
净化槽	HJA50	3190×2000×2180	FRP	无	≥4	≥109	≥60	≥34
	HJA100	5760×2000×2180	FRP	无	≥4	≥109	≥60	≥34

6. 设备参数

单台设备处理量为：1T/d。

图5-2-55　小型净化槽填埋示意图

图5-2-56　小型净化槽填埋整理
后示意图

图5-2-57　小型净化槽污水处理
示意图

图5-2-58　小型净化槽分槽污水
处理后示意图

三、应用与效果分析

净化槽用于江苏省常熟市虞山镇东青村农村生活污水处理项目。本项目总共安装54台净化槽用以处理102户农户的生活污水。处理水质相关标准达到城镇污水处理厂出水指标一级B标准，处理水直接排入附近河道。整个系统采用远程监控，集中管理（图5-2-55～图5-2-58）。

5.2.11　产品六　室外真空排水系统

传统污水室外收集一般采用重力排水系统，重力排水系统管径大，埋深大，开挖截面大，每隔一段距离就需要设置提升泵站，同时有管路开裂泄漏而无法自检的风险。

本产品提供了一种管径小、埋深浅、开挖截面小、无需提升泵站同时能实现管路泄漏监测的室外真空排水系统。

一、工作原理

室外真空排污系统是一个半密闭的系统，污水首先依靠重力从室内进入到收集箱中，待收集箱中液位达到预设液位后，真空阀开启，污水被吸入真空管道中，最后经真空泵站，排入到市政管网或污水处理站（图5-2-59）。

收集箱由箱体、真空阀、吸污管、控制器、感应管、检修阀、排空阀及连接管路等组成，与重力排水接户管、真空排水接户管及外部监控电缆相连，埋地式安装。箱体采用FRP材质，组合式设计。真空阀符合《欧洲室外真空排水标准》EN1091标准，采用真空气动控制，通径为DN80（图5-2-60）。

真空泵站主要由真空泵、污水泵、真空收集罐、控制系统、远程监控、检测装置及相应连接管路组成。真空泵站辅助设施还包括泵站内部照明、通风设备（图5-2-61）。

真空泵站工作时真空泵抽取真空收集罐和真空管网中的空气，在真空收集罐和真空管网中产生并维持一定的真空度。真空度的范围一般设定为55～65KPa（负压），真空泵的运行由压力检测装置控制，使系统的真空度始终保持在设定的范围内。终端设备收集箱内的污水在压差的作用下进入真空收集罐。真空收集罐内设有液位检测装置来控制污水泵的运行，当真空收集罐内污水到达高液位时，污水泵自动启动，当液位下降到低液位时，污水泵自动停止，从而将收集的污水排出。

真空管道采用高密度聚乙烯HDPE管材，埋于冻土层之下，埋深约1米左右。真空主管道管径为de110～de250。HDPE管路的连接宜采用电热熔管件焊接连接方式，由专业人员完成。

真空管路纵断面为锯齿形，最小坡度取0.2%。当地面向下坡度大于0.2%时真空管路根据地面坡度按最小覆土铺设；当地面坡度小于0.2%或向上时采用锯齿形提升，两提升段间距离一般不大于150米，不小于6米（图5-2-62）。

二、产品介绍

室外真空排水系统是利用负压管道中的负压梯度将用户处排放的污水逐步输送、收集至真空中心集中处理及排放的污水收集系统。它利用真空设备使真空排污管道内产生一定真空度，通过空气压差逐级输送污水至真空泵站。系统由收集箱、真空管道和真空泵站组成。

1. 产品特点

（1）收集箱内真空阀采用国际先进产品，其疲劳寿命、抗堵塞性等均符合欧标EN1091：1997。真空阀防水性能优异，即使在意外情况下被水浸没仍然可长达72小时的正常使用。

（2）对真空阀开启状态及高液位具有远程监控功能，可实现在线查看真空阀的工作状态、使用次数等信息，在收集箱满时可立即发现。

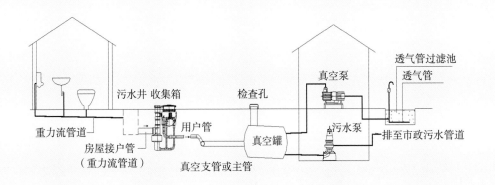

透气管过滤池
透气管
真空泵
污水井 收集箱 检查孔
重力流管道
房屋接户管
（重力流管道） 用户管
真空支管或主管
真空罐
污水泵
排至市政污水管道

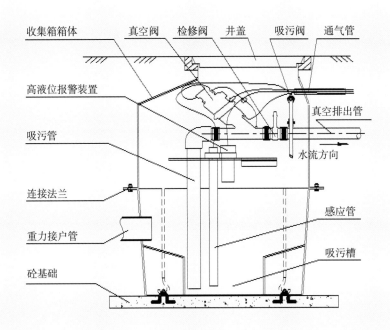

收集箱箱体 真空阀 检修阀 井盖 吸污阀 通气管
高液位报警装置
真空排出管
吸污管
水流方向
连接法兰
感应管
重力接户管
砼基础
吸污槽

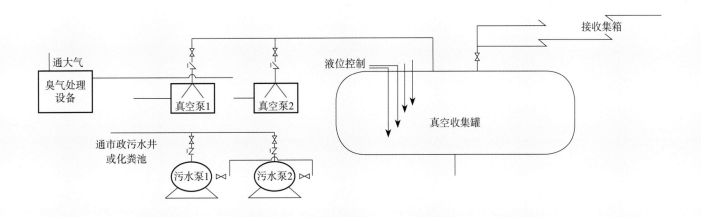

接收集箱
通大气
臭气处理
设备
真空泵1
真空泵2
液位控制
通市政污水井
或化粪池
污水泵1
污水泵2
真空收集罐

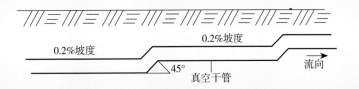

0.2%坡度
0.2%坡度
45°
流向
真空干管

（3）真空阀控制器采用气压无电控制，与污水完全无接触。真空阀及控制器采用地上通气管，完全杜绝了潮气及冷凝水影响控制精度，更加可靠。

（4）检修方便。设有电气监控系统及无电机械计数器，能轻松了解真空阀寿命；设有检修隔离阀，便于故障维修；设有手动排空阀及手动按钮确保在任何情况下都能实施排空操作。

（5）管道铺设灵活。污水可以在管道中任意提升，无需大量提升泵站。

（6）管道管径小、埋深浅、施工方便快捷。

（7）整体密闭性好，没有外溢，没有气味，不会污染地下水，环保程度高。

（8）污水管及给水管可以铺设在同一个管沟，工程量降低。

（9）系统安全自检性强，可以监控设备运行情况及管道是否泄露。

（10）系统实时监控，智能运行，信息远传，可无人值守。

2. 适用场景

室外真空排水系统主要在以下地方使用更具有优势：①地下水位高或地质条件差；②丘陵地区；③开挖深掘困难，不宜大规模开挖的场合；④穿越山谷、河川的地区；⑤度假村等季节性地区；⑥人口密度低，建筑物稀少地区；⑦人文景观与自然保护区等其他生态敏感地区；⑧资金不足，特别需要分期逐步完善下水管网的地区；⑨旧城区雨污分流改造，要求对居民生活影响较小的地区；⑩地下管廊，排水点较多且分散的场合。

三、应用与效果分析

1. 应用案例

江苏省常熟虞山镇宝岩村室外真空排污系统于2014年由国内真空排污领域龙头企业山东中车华腾公司建设，取得了较好的环境与经济效益。常熟市虞山宝岩社会真空排污工程是当时国内规模最大的一项示范工程。本工程采用的真空排污技术及其核心设备真空阀及控制系统等在国外已有25年成功工程应用检验。

常熟市宝岩社区位于江苏省常熟市区内的虞山南麓沿河地带，共有居民约5000人，分布于山前张家港河河边约6千米的狭长地带，区域面积约70公顷。该区域位于两个5A级景区间，有尚湖作为城市的备用水源。工程所在区域地形起伏大，地下水位高，且居民住房以紧密布局的平房和别墅为主，道巷狭窄，社区内不具备重力排水收水管道施工的条件。社区原有排水为雨污合流，居民卫生设备及公共厕所污水未经处理或经简易砖砌化粪池处理直排至山前河，与城市水环境改善及景区环境保护的要求不相适应 (图5-2-63)。

项目采用了室外真空排污技术和净化槽技术，采用室外真空排污方式对社区污水进行收集，再通过压力管道导入河对岸既有市政排水干管。其中3个系统已经实施完成，服务规模1000户，设计总规模530吨/天，共安装真空泵站3套，收集箱83套，真空管道约4000米，后续还装备了大量净化槽。工程完成后效果如图5-2-64所示。

真空泵站

收集箱

控制柜

通气柱

图5-2-63 常熟市宝岩社区地形
条件

图5-2-64 常熟市宝岩社区工程
示范效果

2. 应用效果分析

　　室外真空排水系统能够克服普通重力自流管道管径大、埋深大、施工空间及地质条件要求高的局限，真空管径小、埋深无特别要求、可以爬高，在一些特殊的场合下更具有推广优势。

　　该项目在常熟市得到极大的成功并起到了有效的示范作用，得到了常熟市乃至住房和城乡建设部的好评。

第 6 章

供热技术与产品

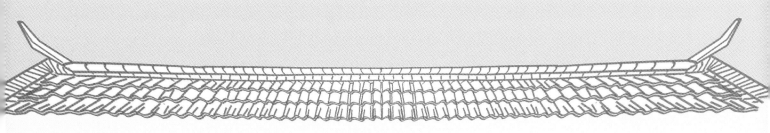

6.1 供热技术与产品综述

在农村，基础设施建设远远不像城镇地区，有完善的供热、供暖管网，可实现多种供暖，另外，好多城镇地区也已有燃气管道，电力负荷也较大，可实现燃气供热或通过电供热。农村地区人口相对分散，电力负荷也比不上城镇地区。如此情况下，传统的燃气、电采暖方式很难实行开来，而且，这两种采暖、供热方式存在成本及使用费用较高的问题。因此在农村以传统燃煤或木炭为主的采暖炉成为农村家庭采暖的主要方式，特别是我国北方三北地区的农村更为突出。

目前，我国北方农村地区的冬季取暖方式主要是以燃煤为主的分散式取暖方式。以保定地区部分农村为例，冬季取暖以燃烧原煤或蜂窝煤为主，辅之以燃烧柴薪，而农村家庭做饭主要以液化石油气为主，部分家庭的取暖系统与做饭系统合二为一。然而这种取暖方式的能源利用率较低，小型的燃煤炉存在燃煤不充分、热耗散较大等一系列问题。总体上，能源利用率在40%～50%之间，可见在能源利用率方面还有很大的提升空间。若采取集中供暖的方式可以大幅度地提升能源利用率。若设计室温为14～16℃，假设每户供暖面积为70平方米，分散供暖平均到每户需要2520千克，而集中供暖则需要1750千克。如果采取燃煤的方式进行集中供暖，不仅能够提高煤炭的燃烧率，而且相应配套设施的建设能够减少热耗散。在某一些地区还可以采取用电、沼气、太阳能等方式进行集中供暖，但是，受到环境条件的限制，要根据农村当地实际情况选择何种方式来供暖。

解决新形势下的农村供暖，须考虑"适用性、可靠性和经济性"作为基本原则，结合农村能源结构的实际情况量身定制，考虑到农村各地的差异化做到方案的灵活变通与针对性，切实结合农村生态环境进行多维度的立体式方案设计，"适合的才是最好的"是农村采暖适用性的原则。在解决农村供暖的同时在解决设备系统的正常运行外更应该在使用安全上彻底得到保障，真正体现供暖系统的可靠性；冬季家庭采暖供热费用占家庭支出的很大一部分，在供暖方案上，要能体现为老百姓节省这方面的费用，才能提高供暖方案的经济性，才能被老百姓所接受。

基于"适用性、可靠性和经济性"这三个指导原则，不仅需要技术和产品稳定，更要整套解决方案，要能够将新能源和农村居民的生态、环境进行有效结合，实现农村供暖、生态、环境的多维度平衡，在解决农民冬季供暖的具体问题的同时给农民带来切实的实惠，才是新形势下农村供暖的解决之道。

6.2 供热技术与产品

6.2.1 产品一 节能型火炕

落地式火炕是北方使用较为广泛的火炕形式之一，它是采用砖搭砌，砖砌出炕洞、烟道及炕面，虽然蓄热性较好，但搭砌粗糙，坯的尺寸较大，使烟气和炕板的接触面积减少，一般受热面积仅为整个炕板面积的50%，加之采用立洞形式炕洞，流通的截面积小而流径短，使得烟气没有与炕板充分换热，通过烟囱流失，导致排烟损失较大，一般为15%~20%，炕面均匀性较差，排烟温度高，灶的供热量与火炕的得热量不匹配，落地式火炕的供热能力受限。

本产品提供了一种结构简单、生产成本低、炕面均匀发热、燃料利用率高、降低环境污染的节能型火墙式火炕及其建造方法。

一、工作原理

以解决现有的火炕存在局部过热，造成火炕局部损坏，燃烧火炕时易造成的室内负压、有害气体流入室内以及燃烧后的炉灰不能充分利用的问题，储灰室的顶端开设有储灰腔，储灰腔顶端固接有炉箅子，拱形水套扣装于炉箅子的顶端，第一通气管与储灰腔底端连通，第一通气管的另一端设置于室外且与风机的进气端可拆卸连通，风机为具有搅碎功能的风机，风机的出气端与第二通气管的一端连通，第二通气管的另一端与旋风除尘器总成的进气端连通，旋风除尘器总成固接于储灰仓顶端，旋风除尘器总成的出尘端与储灰仓接通，储灰仓底端设有闸板出灰口。本产品用于北方冬季取暖使用（图6-2-1）。

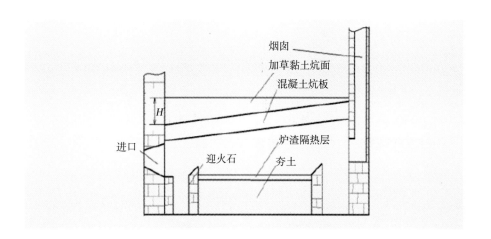

图6-2-1 节能型火炕结构示意图

图6-2-2　节能型火炕实物示意图

图6-2-3　节能型火炕应用示意图

图6-2-4　农村节能型火炕应用房屋示意图

二、产品介绍

1. 产品图样（图6-2-2）

2. 使用场景（图6-2-3）

三、应用与效果分析

1. 应用案例

将炕板倾斜置，炕头处略低，炕梢处略高。在灶膛上方安置带有拱形水套，拱形水套与室内土暖气热水管路相连，构成土暖气供热水循环管路，拱形水套内的水吸收烟气余热，向室内供热。在炕侧面用散热钢板代替原红砖，增加了侧壁面的传热系数（图6-2-4）。

2. 应用效果分析

节能型火炕很好地解决了灶膛上部火炕的局部过热问题，灶和灶膛的下方连接与室外相连的通风管，烧炕时开启通风管，大大增加灶膛的燃烧效率。

6.2.2　产品二　空气源热泵

空气源热泵是一种热泵技术，有着使用成本低、易操作、采暖效果好、安全、干净等多重优势。空气源热泵将空气中的能量作为主要动力，通过少量电能驱动压缩机运转，实现能量的转移，无需复杂的配置、昂贵的取水、回灌或者土壤换热系统和专用机房，能够逐步减少传统采暖给大气环境带来的大量污染物排放，保证采暖功效的同时实现节能环保的目的。

农村取暖是冬季农民重点关注的问题。农村冬季采暖，既要环保又要经济。电采暖能耗过高，运行费用高昂。城市用燃气壁挂炉需要天然气为热源，而绝大多数的农村地区是没有天然气管道的，这两者都不太适用；太阳能依赖太阳光照射，在没有阳光的情况下也只能靠电加热，运行费用也比较高。

空气源热泵只需要少量的电驱动压缩机工作，通过吸收空气中的热量来加热水，耗电量只为电采暖的四分之一左右，而且因为不依赖燃气，机组水电分离，也不会发生一氧化碳中毒以及漏电、触电的风险，使用也比较安全，很适合在农村作为冬季采暖使用。

一、工作原理

空气源热泵利用空气中的热量作为低温热源，经过传统空调器中的冷凝器或蒸发器进行热交换，然后通过循环系统，提取或释放热能，利用机组循环系统将能量转移到建筑物内，满足用户对生活热水、地暖或空调等的需求。

空气源热泵是由电动机驱动的，利用蒸汽压缩制冷循环工作原理，以环境空气为冷（热）源制取冷（热）风或者冷（热）水的设备，主要零部件包括用热侧换热设备、热源侧换热设备及压缩机等（图6-2-5）。

图6-2-5　空气源热泵冷热源及水系统原理
（图片来源：网络）

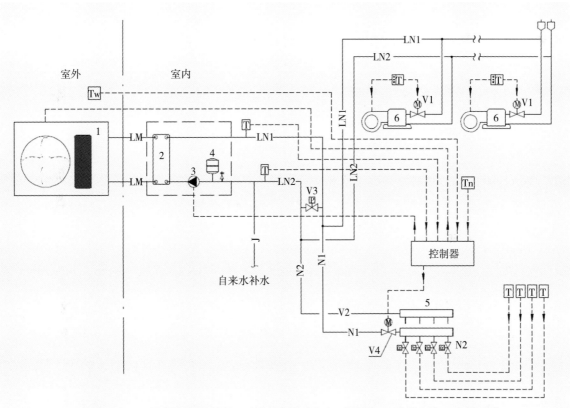

1- 室外主机；2- 制冷剂－水换热器；3- 冷热水循环泵；4- 膨胀罐；5- 分集水器；6- 风机盘管

二、空气源热泵特点

1. 用途广泛、四季无忧

空气源热泵既能在冬季制热，又能在夏季制冷，能满足冬夏两种季节需求，而其他采暖设备往往只能冬季制热，夏季制冷时还需要加装空调设备。

2. 安全运行、保护环境

空气源热泵采用热泵加热的形式，水、电完全分离，无需燃煤或天然气，因此可以实现一年四季全天24小时安全运行，不会对环境造成污染。

3. 使用灵活、没有限制

相比太阳能、燃气、水源热泵等形式，空气源热泵不受夜晚、阴天、下雨及下雪等恶劣天气的影响，也不受地质、燃气供应的限制。

4. 节能科技、省电省心

空气源热泵使用一份电能，同时从室外空气中获取两份以上免费的能量，能生产三份以上的热能，高效环保，相比电采暖每月节省75%的电费，为用户省下可观的电费。

三、空气源热泵安装

1. 机组的定位，确定机组摆放位置，主要考虑楼面的承重，机组进出风的影响。

2. 基础制作，可以采用水泥或槽钢，基础必须在楼面的承重梁上。

3. 摆放调整，确保机组摆放平稳，机组与基础之间采用减震橡胶垫。

4. 水路系统的连接，主要是主机与水箱之间的水泵、阀类、过滤器等连接。

5. 电气连接，主机电源线、水泵、电磁阀、水温传感器、压力开关、靶流开关等按接线图要求进行电气连接。

6. 水路试压，检测管路连接有无漏水现象。

7. 机器试运行，开机前，机组必须接地，采用兆欧表对机器机型绝缘性能检查。检查无问题，开机运行。采用万用表钳流表对机器的运行电流电压等参数进行检查。

8. 管道保温，采用橡塑保温材料进行保温，外表面采用铝皮或薄镀锌钢板进行固定（图6-2-6）。

四、相关技术与产品

1. 空气源热泵地暖

空气源热泵地暖利用空气中的低品位热能经过压缩机压缩后转化为高温热能，将水温加热作为热媒在专用管道内循环流动，加热地面装饰层，通过

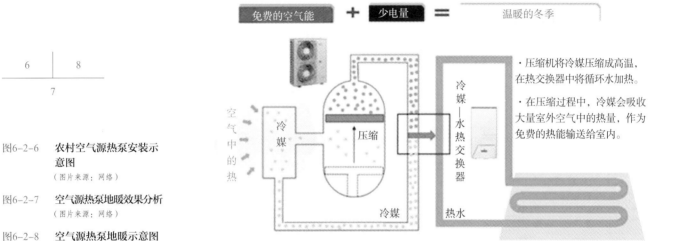

优点：高科技节能、安全、无废气排放，可兼顾生活热水
缺点：初投资比燃气高

免费的空气能 ＋ 少电量 ＝ 温暖的冬季

· 压缩机将冷媒压缩成高温，在热交换器中将循环水加热。

· 在压缩过程中，冷媒会吸收大量室外空气中的热量，作为免费的热能输送给室内。

6		8
	7	

图6-2-6　**农村空气源热泵安装示意图**
（图片来源：网络）

图6-2-7　**空气源热泵地暖效果分析**
（图片来源：网络）

图6-2-8　**空气源热泵地暖示意图**

地面辐射和对流的传热使地面升温，热量从建筑物地表升起，使整个室内空间的温度均匀分布，没有热风感，有利于保持环境中的水分，提高人体舒适度（图6-2-7）。

通过空气源热泵地将空气中的热量搬运到室内采暖，比电地暖省电75%，24小时全天候供暖，并且易于安装，埋在地下，不占据室内空间，还能满足家用和商用等多种需求（图6-2-8）。

2. 空气源热泵中央空调

空气源热泵中央空调通过从室外免费获取大量空气中的热量，再通过电能，将热量转移到室内，实现一份电力产生三份以上热量的节能效应，效率高，没有任何污染物排放，不会影响大气环境，可用于村内大型的公共设施、学校、医院等大型建筑（图6-2-9）。

3. 空气源热泵热水器

空气源热泵热水器是在普通热水器中装载空气能（源）热泵，把空气中的低温热量吸收进来，经过压缩机压缩后转化为高温热能以此来加热水温。空气源热泵热水器，在消耗相同电能的情况下可以吸收相当于三倍电能左右的热能来加热水，而且克服了传统电能热水器能耗过高和太阳能热水器阴雨天不能使用及安装不便等缺点，具有高安全、高节能、寿命长等诸多优点（图6-2-10）。

9 | 10

图6-2-9 **空气源热泵空调机组**
（图片来源：网络）

图6-2-10 **空气源热泵热水器**
（图片来源：网络）

6.2.3 产品三 水源热泵

水源热泵是利用地球水所储藏的太阳能资源作为冷、热源进行转换的空调技术。水源热泵具有高效节能、可再生能源、节水省地、环保效益显著、维护方便、应用范围广等优点，在农村逐步得到村民认可并开始应用。

一、工作原理

水源热泵技术的工作原理是通过输入少量高品位能源（如电能），实现低温位热能向高温位转移。水体分别作为冬季热泵供暖的热源和夏季空调的冷源，即在夏季将建筑物中的热量"取"出来，释放到水体中去，由于水源温度低，所以可以高效地带走热量，以达到夏季给建筑物室内制冷的目的；而冬季，则是通过水源热泵机组，从水源中"提取"热能，送到建筑物中采暖（图6-2-11）。

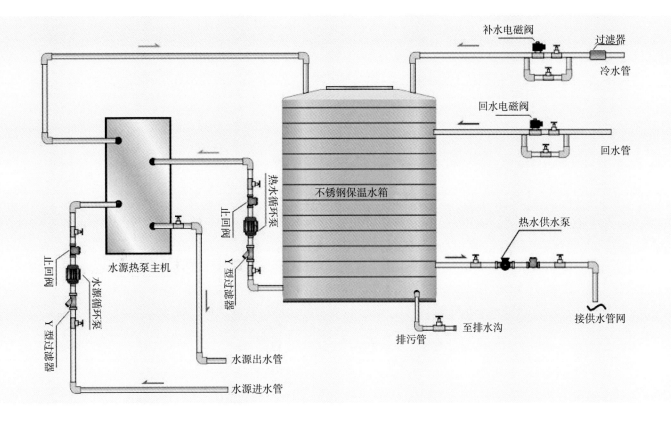

图中标注文字：
补水电磁阀　过滤器　冷水管
回水电磁阀　回水管
不锈钢保温水箱
热水供水泵
热水循环泵
止回阀
Y型过滤器
水源热泵主机
水源循环泵
止回阀
Y型过滤器
水源出水管
水源进水管
排污管　至排水沟　接供水管网

图6-2-11　**水源热泵工作原理示意图**
（图片来源：网络）

二、水源热泵特点

水源热泵与常规空调技术相比，有以下优点：

1. 高效节能

水源热泵是目前空调系统中能效比最高的制冷、制热方式，理论计算可达到7，实际运行为4~6。

水源热泵机组可利用的水体温度冬季为12~22℃，水体温度比环境空气温度高，所以热泵循环的蒸发温度提高，能效比也提高。而夏季水体温度为18~35℃，水体温度比环境空气温度低，所以制冷的冷凝温度降低，使得冷却效果好于风冷式和冷却塔式，从而提高机组运行效率。水源热泵消耗1kW·h的电量，用户可以得到4.3~5.0kW·h的热量或5.4~6.2kW·h的冷量。与空气源热泵相比，其运行效率要高出20%~60%，运行费用仅为普通中央空调的40%~60%。

2. 可再生能源

水源热泵是利用了地球水体所储藏的太阳能资源作为热源，利用地球水体自然散热后的低温水作为冷源，进行能量转换的供暖空调系统。其中可以利用的水体，包括地下水或河流、地表的部分河流和湖泊以及海洋。地表土壤和水体不仅是一个巨大的太阳能集热器，收集了47%的太阳辐射能量，比人类每年利用能量的500倍还多，而且是一个巨大的动态能量平衡系统，地表的土壤和水体自然地保持能量接受和发散的相对均衡。这使得利用储存于其中的近乎无限的太阳能或地能成为可能。所以说，水源热泵利用的是清洁的可再生能源的一种技术。

3. 节水省地

以地表水为冷热源，向其放出热量或吸收热量，不消耗水资源，不会对其造成污染；省去了锅炉房及附属煤场、储油房、冷却塔等设施，机房面积大大小于常规空调系统，节省了建筑空间，也有利于建筑的美观。

4. 环保效益显著

水源热泵机组供热时省去了燃煤、燃气、燃油等锅炉房系统，无燃烧过程，避免了排烟、排污等污染；供冷时省去了冷却水塔，避免了冷却塔的噪音、霉菌污染及水耗。水源热泵机组运行无任何污染，无燃烧、无排烟，不产生废渣、废水、废气和烟尘，不会产生城市热岛效应，对环境非常友好，是理想的绿色环保产品。

5. 应用范围广

水源热泵系统可供暖、空调，还可供生活热水，一机多用，一套系统可以替换原来的锅炉加空调的两套装置或系统，特别是对于同时有供热和供冷要求的建筑物，水源热泵有着明显的优点。不仅节省了大量能源，而且用一套设备可以同时满足供热和供冷的要求，减少了设备的初投资。其总投资额仅为传统空调系统的60%，并且安装容易，安装工作量比传统空调系统少，安装工期短，更改安装也容易。

水源热泵可应用于村内大型公共设施、学校等建筑，小型的水源热泵更适合于民宅、村民小区等的采暖、供冷。

6. 维护方便

水体的温度一年四季相对稳定，其波动的范围远远小于空气的变动，水体温度较恒定的特性使得热泵机组运行更可靠、稳定，也保证了系统的高效性和经济性。采用全电脑控制，自动程度高。由于系统简单、机组部件少，运行稳定，因此维护费用低，使用寿命长。

三、水源热泵应用

1. 地表水水源热泵

地表水水源热泵系统是地源热泵系统中的一种，是以地表水作为冷热源的供暖供冷系统，由于其环保性和节能性，近期在国内外都得到了大力推广和应用。在应用过程中，要注意到地表水易受污染，泥沙、水藻等杂质含量高，水表面直接与空气接触，水体含氧量较高，腐蚀性强，如果将地表水直接供应到每台热泵机组进行换热，容易导致热泵机组寿命的降低，换热器结垢而性能下降，严重时还会导致管路阻塞，不宜将地表水直接供应到每台热泵机组换热，可以考虑将地表水和建筑内循环水之间是用换热器分开，用廉价的换热器保护了昂贵的水源热泵机组。当地表水流量或温度不能满足使用要求时，可以采用一些辅助设备，如冬季用锅炉，夏季用冷却塔作为调峰设备，也可以帮助系统达到使用要求。

2. 地下水水源热泵

地下水源热泵系统在整个采暖和制冷过程中，只向水源中吸热或者排热，并不消耗水量，地下水温不受外界气候变化的影响，与空气及其他冷热源相比，水的比热容最大，故其传热性能也最好。由于系统运行期间并没有能量形式的转换，故能源利用率高、运行成本较低，加上其本身系统较简单操作也较方便等众多优势，因此地下水水源热泵将成为新农村建设中最具潜力的绿色空调技术。

地下水源热泵以地下水为热源，安全性能高，绿色环保。从经济性、舒适性及安全性来说，地下水源热泵在农村具有广阔的应用前景。但是，地下水热泵在应用过程中，也要注意地下水回灌、水质和运行管理等问题，要做好规划，实施必要的针对取水量、回水量、回灌水质的实时监测，满足水质和环境保护的要求。

第 7 章

环卫技术与产品

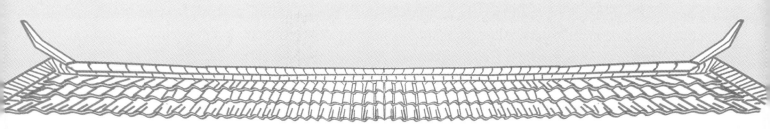

7.1 环卫技术与产品综述

一、村落垃圾处理存在的问题

随着传统村落经济的发展，居民生活水平得到了明显的改善，消费方式发生了很大的改变，生活垃圾产量逐年增加，垃圾成分也趋于复杂化，由于村落居住分散，绝大地区没有专门的垃圾收集、转运以及处理措施，大多是在田间街头随意丢弃，即使部分村落设有专门的垃圾收集设施，如垃圾桶或者简易的垃圾池，但收集之后没有合理有效的处理措施，反而成为了一个大的污染源，成为苍蝇、蚊虫等滋生的场所，有些甚至收集后直接燃烧，不但严重危害了居民的人身健康，也极大恶化了村落的人居环境。同时，由于传统村落的分布特征，使得人口密度小、垃圾产生量小且较分散，这也是传统村落生活垃圾难以收集处理的一个重要原因（图7-1-1、图7-1-2）。

二、村落垃圾分类处置策略

针对传统村落人口密度小、垃圾产生量小等现状特点，将垃圾按易腐垃圾、易燃垃圾、惰性垃圾及有害垃圾类别将传统村落垃圾进行分类归纳，三类垃圾的分类要求在源头，即农户家中完成，根据村落特征、垃圾产生量等因素合理分布设置垃圾桶，各类处置和去向设计安排如下。

易腐垃圾：传统村落生活垃圾中厨余、瓜果皮、植物残体等有机组分含量高，一般都在50%以上（张静等，2009；吴婧等，2008），采用堆肥法处理，堆肥法无害化程度较高，减量化效果明显，同时实现生活垃圾处理的资源化，堆肥操作简单，投资少，能耗少，适合在传统村落推广使用。

1 | 2

图7-1-1　农村垃圾围村乱象示意图

图7-1-2　农村垃圾任意焚烧乱象意图

图7-1-3　农村垃圾分拣处理示意图

易燃垃圾：随着经济发展，传统村落垃圾组成与城市垃圾组成趋于相似，可燃组分比重逐渐加大，塑料、废旧织物、木屑等可燃成分较多，而且这些组分无腐烂性，长久存放不会对环境造成危害，因此，源头分类收集后暂时存放，积累到一定数量后集中运至焚烧厂焚烧。不仅为这些组分提供了合理的处置方向，同时极大地节约了运输和处理的成本。

惰性垃圾及有害垃圾：包括灰土、煤渣、玻璃等无机垃圾和废旧电池、灯管和农药瓶等毒性垃圾。这些垃圾根据村落大小和垃圾产生量，设立相应的回收桶，并明确表示，积累到一定数量后统一集中运至填埋场处理（图7-1-3）。

三、村落环卫设施布局及生活垃圾处模式

传统村落面广量大，地域差异明显，要结合当地理环境、气候条件、风俗习惯以及经济条件等因素，分析调研不同区域的传统村落之间生活垃圾处理的共性和差异性，调整生活垃圾分类收集技术细节部分，合理规划环卫设施布局，从而探索适合不同地域和经济发展条件下传统村落的生活垃圾分类收集技术。

在分析传统村落当前生活垃圾及环卫设施现状和存在问题的基础上，通过文献检索与分析以及现场调研的方式，探寻了传统村落环卫设施的改善对策及生活垃圾循环利用模式的构建。课题总结了前人有关传统村落人居环境调查的研究成果，并在此基础上，结合我国传统村落的类型和特点，依据核心特征将我国传统村落分为传统农耕村落、历史文化旅游村落、生态旅游村落以及城中或城边村落四种类型，进一步，分别探讨了四种类型传统村落的环卫设施建设和生活垃圾处理模式（表7-1-1）。

传统村落环卫设施布局及生活垃圾处理推荐模式汇总表 表7-1-1

类型	传统农耕型	历史文化旅游型	生态旅游型	城中或城边型
村落特点	居住分散，人口较少，经济水平较低，以农业为主的地区	村落规模大，生活垃圾产生量大，经济水平较高	村落规模一般，生活垃圾中有机垃圾组分较大，经济水平一般	经济条件较好，基础设施相对较完善
处理模式	就地分散处理	就地集中处理	就地分散与集中结合	转运集中处理
环卫设施布局	居民家中和部分公共场所设置垃圾桶，道路旁不再另设垃圾桶	依据不同功能区生活垃圾特征制定分类方法和设置垃圾桶	对生活垃圾中比重较大或特定的组分进行单独收集和设置收集设施，一般为有机垃圾	道路两旁设置垃圾桶，数量和容量设置以满足垃圾产生量为宜，距离不宜过小
处理方案	塑料、纸类垃圾家中暂存、集中变卖；有机垃圾家庭堆肥；灰土废渣类垃圾简易填埋或填坑	塑料、纸类垃圾分类收集变卖；有机垃圾集中堆肥处理；其它垃圾建设填埋场填埋或转运填埋	塑料、纸类垃圾家中暂存、集中变卖；有机垃圾进行集中堆肥处理；灰土废渣类垃圾简易填埋或填坑	家中暂存、集中变卖；其它垃圾纳入城市生活垃圾处理系统
处理模式特点	分类程度高，清运频率低，转运量少	收集设施利用率高，资源化程度高	减量化、资源化明显，运行费用低	不需建设末端处置设施，省去末端基建投入和运行费用

（1）鼓励居民在源头上对生活垃圾进行分类，源头上实现了生活垃圾的减量化，同时极大程度上节约了后续收集、运输、分拣及处理等环节的支出费用。

（2）针对不同类型村落特点及村落的不同区域特征，分别制定了垃圾分类收集方法、环卫设施规划布局及末端处置方法，减少垃圾清运频率而节省运输费用，其中灰土垃圾、厨余垃圾和有机垃圾实际上都可以不出村或不出镇就实现循环利用，极大程度上实现了垃圾的减量化、资源化和无害化。

（3）通过卫生生态厕所基础设施的改建，可以有效改善传统村落卫生环境，同时，粪尿无害化处理后还田，可以减少化肥的投入支出，提高农产品的品质。

（4）按照新的环卫体系和生活垃圾处理模式，既保证了全部生活垃圾可以从源头实施管理，也保证了厕所粪便等废弃物能无害化处理利用，同时对环卫设施进行了合理的规划设置，从而杜绝了因垃圾乱堆乱放和垃圾桶条件差而造成的人居环境脏、乱、差现象。

7.2 环卫技术与产品

7.2.1 技术一 农村垃圾分类清运处理技术

一、农村垃圾的分类

按处理方式和资源回收利用的可能性，可将农村垃圾分为四类。

（1）可堆肥类（有机物）。主要成分为厨余及生活其他有机物垃圾，处理方向是畜禽消纳、直接还田、堆肥、做燃料及生产沼气。

（2）惰性类（无机物）。指煤渣、建筑垃圾等，处理方法是修路、筑堤、建筑填土和填埋。

（3）可回收废物。包括废塑料、纸、玻璃、金属、废旧家具电器、织物、皮革及橡胶等，处理方法是采用经济手段回收利用。

（4）有害废品。如农药瓶、过期药物、电池、灯管、油漆桶等，这类废物对环境危害极大，不能随便丢弃，必须由具有处理危险废物资质的公司统一收集处理。

二、农村垃圾的回收利用模式

农村垃圾中可回收成分的收集由两大主体来完成，其一是农民，即垃圾产生者，其二是废品回收站。其中，废品回收站是实现可回收垃圾由废物向资源转变的一个关键因素，是连接资源与市场的枢纽。一方面，废品回收站具有前向控制作用，它可以通过经济手段促使农民进行垃圾源头细分类，并将分散的可回收资源集聚起来；另一方面，废品回收站具有后向带动作用，它实现了废物的资源化转变，使可回收垃圾以资源的形式进入生产流通领域，从而带动新兴产业发展。

废品回收站的建设应采用"建设—转让—经营"的方式，由政府投资，在交通方便、基础设施比较健全的集镇或者中心村建设规范的废品回收站，以承包、租赁等方式转让给个体业主经营，收购周边村庄产生的废纸、塑料、金属、玻璃、织物等可回收资源。

三、农村垃圾的收集清运模式

对于无回收利用价值的农村垃圾要及时清运，清运采取定点存放、统一收集、定时清理、集中处置的方式。其收集模式主要有：

（1）基本模式。以村为基础、镇为枢纽、县为中心的农村垃圾收集运输处理系统，即"村庄收集—乡镇中转—县城处置"模式，形成村、镇、县三级垃圾处理作业链。

（2）跨行政区域模式。是以村为基础、以乡镇为枢纽、以非隶属县城为中心的跨行政区域农村垃圾收集运输处理系统，即"村庄收集—乡镇中转—邻近县城处置"模式，形成跨区域村、镇、县三级垃圾处理作业链。这一模式适合处于县（市）边缘、邻近其他行政区域集镇的乡村。

（3）偏远地区模式。对一些距离县市乡镇比较远、农村住户比较分散的地区或地处偏远的山村，难以统一收集清运垃圾，应因地制宜，在充分回收利用之余，就地进行卫生填埋处理，从而减少收集运输成本。

（4）城郊结合部模式。离城市较近的农村垃圾，可以考虑纳入城市垃圾处理系统。

四、农村垃圾填埋技术

垃圾卫生填埋法作为垃圾的重要处置方法，具有成本低廉、适用范围广、效果显著和处置彻底等优点。对于经济基础差、土地资源丰富的农村，在适当的水文地质条件下，垃圾填埋技术是较好的处置方法（图7-2-1）。

1. 填埋场选址

卫生填埋场场址的选择一般情况下需要考虑地理、气候、地表水文、水文地质和工程地质条件因素，此外还有经济、交通、社会及法律等因素。

（1）从地形、地貌看，在丘陵地区，凡在地貌上呈现三面山岗环绕的地形都是优选场址；

（2）从风向来看，一般垃圾填埋场选址应选择位于夏季主导风向下风向的地点；

（3）从对地下水的影响上来看，场址基础应位于地下水（潜水）最高丰水位标高至少1.5米以上，必须处于地下水主要补给区、强径流带之外，如果周围没有更合适的场址，也必须采取人工防渗措施加以弥补。场地基础的岩性最好为黏性土，天然地层的渗透系数应足够小，最好能达到8.6毫米/天以下，并且地层要有一定厚度，且该处地下水流速较小；

（4）从地质条件上来看，填埋场应位于工程地质条件稳定的地区，不应在填埋后产生不均匀沉降，而且应避开地质灾害易发生的地区。

2. 填埋场防渗系统

防止填埋场气体和渗滤液对环境造成污染是填埋场建设中首要考虑的问题，贯穿于填埋场的设计、施工、运行、封场的整个生命周期之中。防渗系统是防止填埋场气体和渗滤液污染环境、防止地下水和地表水进入填埋场中的保障工程。其功能是通过在填埋场中铺设低渗透性材料来阻隔渗滤液渗出填埋场，防止其迁移到填埋场之外的环境中；防渗层还可以阻隔地表水和地下水进入填埋场中。防渗层的主要材料有天然黏土矿物如改性黏土、膨润

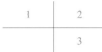

图7-2-1　农村垃圾卫生填埋处
　　　　　理示意图

图7-2-2　农村垃圾填埋场防渗
　　　　　系统示意图

图7-2-3　农村垃圾堆肥处理示
　　　　　意图
（图片来源：网络）

土，人工合成材料有柔性膜，天然与有机复合材料有聚合物水泥混凝土等
（图7-2-2）。

　　填埋场密封技术又可分为基础密封和垂直密封两种方法。基础密封是指在
填埋场底部和周边设立衬层系统来达到密封的目的。填埋场衬层系统通常包括
渗滤液收排系统（排水层）、防渗系统（层）和保护层、过滤层等。垂直密封
技术则是在填埋场的周边，利用基础下方存在的不透水或弱透水层，在其中建
设垂直密封墙，对于山谷型填埋场而言，截污坝也是垂直密封建筑。

　　五、农村垃圾堆肥技术

　　垃圾堆肥技术工艺要求较为简单，主要是利用微生物降解技术实现垃圾处
理的减量化、无害化、资源化。在堆肥过程中，垃圾有机成分不但被分解，而
且被转化成腐殖质含量很高的疏松物质，可作有机肥料或土壤改良剂被重新施
入土地，实现资源化利用，这种技术对于以种植业为主的农村地区来说更为实
用（图7-2-3）。

根据处理过程中根据微生物对氧气不同的要求，可以把堆肥分为厌氧发酵和好氧堆肥两种。

1. 厌氧发酵技术

厌氧发酵技术是利用厌氧微生物发酵的堆肥方法，厌氧发酵温度在35℃左右的称为中温厌氧发酵，温度在55℃以上的称为高温厌氧发酵。厌氧发酵自身能耗少，不需要外部供氧，但微生物生长繁殖慢，对有机物的分解速度慢，处理周期长达80～100天，需要较大的反应场地，对周围环境影响较大。

2. 好氧堆肥技术

好氧堆肥是利用好氧微生物发酵的堆肥方法，按发酵温度的不同，好氧发酵过程分为中温（50～55℃）、高温（70℃以上）和降温三个阶段。在中温阶段，嗜温菌生长繁殖活跃；高温阶段嗜温菌受到抑制，而嗜热菌活跃；降温阶段嗜温菌再度活跃，使发酵过程进入稳定的腐熟阶段。一般好氧高温堆肥仅需10～30天就可腐熟，并杀死堆肥中的病原微生物，对周围环境污染较小。

随着堆肥技术的发展与深化，堆肥效率更高、产品质量更好的好氧堆肥技术逐渐代替厌氧技术，成为堆肥工艺的主流，是目前垃圾堆肥主要采用的方法。

7.2.2 产品一 太阳能垃圾快速干化装置

一、工作原理

随着人们生活水平的提高，生活垃圾的产生量迅猛增长，其中有机垃圾含水率比较高，很容易腐烂变质，和其他生活垃圾混合在一起，影响了生活垃圾的后续处理，另外，餐厨垃圾含水率过高，不能直接进行堆肥处理。无论是生活垃圾进行填埋或者焚烧处理，还是对餐厨垃圾进行堆肥处理，都需要对其中的有机垃圾进行一定程度的干化处理，以达到后续处理的要求。

目前有机垃圾干化装置大多工作效率低下，不能满足源源不断产生的垃圾处理，不实用也无法推广应用，针对现有装置工作效率低、臭气处理等方面存在的问题，需要设计更为高效合理的垃圾干化装置。

小型有机垃圾连续干化装置，装置结构示意图如图7-2-4所示，装置主体上设有进料口和出料口，装置壁所包容的空间即为干化室，干化室由隔板将其分隔为三层，隔板中设有电加热板，每层中分别设有搅拌轴，搅拌轴为中空结构，搅拌杆边缘均匀设有曝气孔，搅拌轴由右旋电动机驱动，搅拌轴的另一端通过滚轴与气体导管相接，空气由鼓风机提供，空气经气体导管进入搅拌轴的中空腔，通过各搅拌轴的中空部分到达曝气孔，臭气的收集和处理由臭气出气口、抽风机和臭气净化装置组成，经臭气导管进入臭气净化装置进

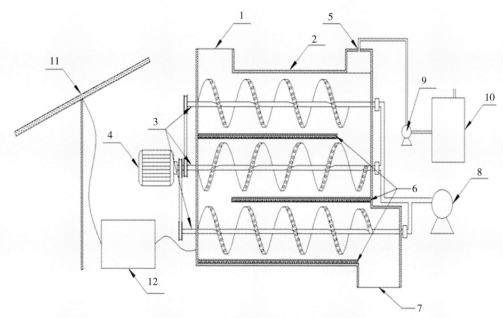

1– 进料口；2– 装置壁；3– 搅拌轴；4– 右旋电动机；5– 臭气出气口；
6– 电加热板；7– 出料口；8– 鼓风机；9– 抽风机；10– 臭气净化装置；
11– 太阳能板；12– 蓄电池

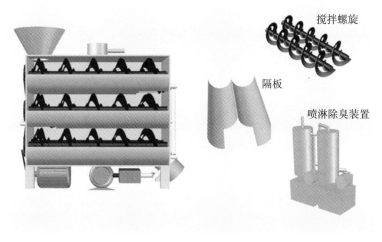

图7-2-4　有机垃圾连续烘干装置
　　　　结构示意图

图7-2-5　有机垃圾连续烘干装置
　　　　三维示意图

图7-2-6　有机垃圾连续烘干装置
　　　　实物图

行处理达标后排放。本发明装置系统结构简单，预期处理垃圾量大，烘干效果好，同时可避免对环境造成二次污染。

二、产品介绍

根据上述工作原理，在有关烘干装置的结构基础上，对其部分结构进行了一定的改善，将单层的单根螺旋搅拌轴改为两根并排的螺旋搅拌轴，加大了装置的处理效率，之后对细节部分进行了完善，自行设计绘制了烘干装置的三维图，并制作出了样机（图7-2-5、图7-2-6）。

7.2.3　产品二　易腐垃圾制肥装置

一、工作原理

易腐垃圾制肥装置主要结构包括反应容器、鼓风机、温度显示仪、单片机等，试验阶段实验材料采用剩菜叶、瓜果皮和树叶等易腐物的混合物，将堆肥物料粉碎混合均匀后装入堆肥反应器，安装好堆肥化自动测控系统和通风系统，采用交替式好氧、厌氧方式进行堆肥研究，堆肥过程中主要分析堆料含水率、温度、pH值、OC、TN、TP、各种养分含量和卫生学指标，最后结合不同影响因素，优化堆肥效率，设计研发易腐垃圾制肥装置（图7-2-7）。

易腐垃圾制肥装置的研制，目前城市处理生活垃圾的方法主要有焚烧、填埋，然而农村具有居住分散、垃圾产量小等特点，收集转运需要投入很大的财力人力，使得这些城市里较为成熟的生活垃圾处理方法在农村地区很难应用。农村生活垃圾有机成分占50%～70%，采用堆肥技术处理农村生活垃圾其无害化、减量化程度较为明显，同时可以最大限度地实现垃圾处理的资源化，堆肥及其产物已被证实有很多益处，可以增加土壤养分、防止水土流失、提高土壤含水率、抑制虫害、提高土壤肥效和生物多样性、提高农作物质量和产量等。

堆肥装置是进行堆肥的必要设备，目前堆肥装置多采用正压通风方式供氧，通风曝气不均匀不充分，通气量难以控制，堆肥物料混合不均匀，臭气产生量大且多无处理直接排放，这成为堆肥装置难以普遍进行应用的原因。针对现有装置通风曝气、臭气处理等方面所存在的问题，需要设计更为高效合理的堆肥装置。

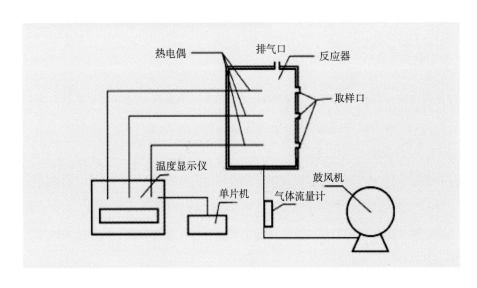

图7-2-7　堆肥试验反应装置示意图

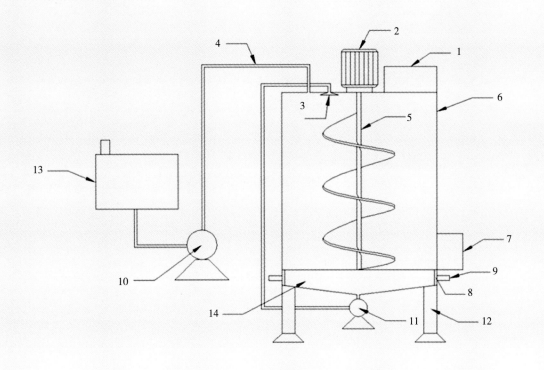

1- 进料口、2- 电机、3- 渗滤液布水口、4- 臭气收集管、5- 搅拌器、6- 堆肥反应室、7- 出料口、
8- 电加热网、9- 进气口、11- 水泵、12- 支架、13- 臭气净化装置、14- 气室

图7-2-8　易腐垃圾制肥装置研
　　　　制示意图

易腐垃圾制肥装置结构示意图如图7-2-8所示，装置包括堆肥反应室、空气供给、臭气处理、渗滤液回流四大部分，装置主体是由进料口、搅拌轴、出料口组成；装置壁所包容的空间即为堆肥反应室，搅拌轴位于堆肥反应室的中心位置；空气供给部分由进气口、电加热网、气室组成；空气经进气口，由电加热网加热后进入气室。臭气处理部分由臭气收集管、抽风机、臭气净化装置组成，在抽风机的作用下，堆肥过程产生的臭气经臭气收集管进入臭气净化装置进行处理后排放。该装置及方法可以实现在有机垃圾堆肥化处理过程中，均匀搅拌物料，充分供给氧气，维持反应室内温度，可大大缩短有机垃圾的堆肥周期，同时避免臭气释放到环境中。

二、产品图样

在之前设计的基础上，对装置的结构进行了一定的改良，将立式改为卧式，并对部分细节及结构进行了一定的完善，自行设计绘制了易腐垃圾制肥装置的三维图，并制作了样机（图7-2-9、图7-2-10）。

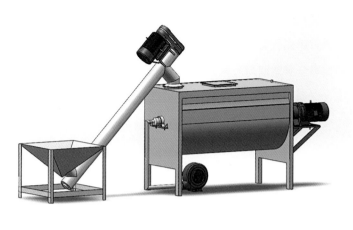

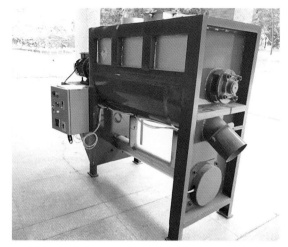

7.2.4 产品三 农村生活垃圾焚烧炉

一、工作原理

垃圾采用热解工艺进行处理，一般是指将垃圾作为固体燃料送入垃圾热解炉中，在高温作用下垃圾中的可燃成分与空气中的氧进行剧烈的化学反应放出热量，转化成高温的燃烧气和量少而性质稳定的固体残渣。燃烧气可以作为热能回收利用，性质稳定的残渣可直接填埋或作农家肥。经过热解，垃圾中的细菌、病毒被彻底消灭，带恶臭的氨气和有机质废气被高温分解。因此采用热解工艺处理垃圾能以最快的速度实现减量化、无害化和资源化的目标。

垃圾从送入热解炉起，到形成烟气和固态残渣的整个过程，它包括了三个阶段，第一阶段是加热干燥阶段；第二阶段是热解的主要阶段，即真正的燃烧过程；第三阶段是燃尽阶段，即生成固体残渣的阶段。在三个阶段中，并非界限分明，只不过是热解过程的必由之路，其热解过程的实际工况将更为复杂。热解过程的主要影响因素是时间、温度和垃圾与空气流的混合程度。

垃圾热解炉炉膛温度一般控制在850~1000℃。低于850℃不能将有恶臭气味的氨和有机质废气有效分解除臭，同时垃圾在低温燃烧时容易生成有致癌、致畸形危险的二噁英。高于800℃，二噁英开始转向分解，所以炉膛烟气温度的下限定在850℃，而上限的控制主要是考虑设备的腐蚀和垃圾灰渣的结焦等。

图7-2-9 **易腐垃圾制肥装置三维示意图**

图7-2-10 **易腐垃圾制肥装置实物图**

二噁英是世界公认的致癌物质，其生成规律如下：①当温度大于850℃时就会被分解；②高温烟气的时间应在2S以上；③温度在850～300℃时又会合成。垃圾热解炉根据以上理论对通过控制其烟气的温度及停留时间来控制二噁英的传播。

二、产品介绍（图7-2-11、图7-2-12）

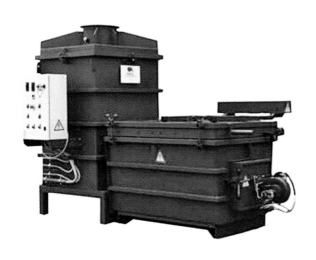

图7-2-11　农村生活垃圾清洁焚烧炉示意图

图7-2-12　农村生活垃圾清洁焚烧设施建造示意图

11　　12

第 8 章

乡村照明技术与产品

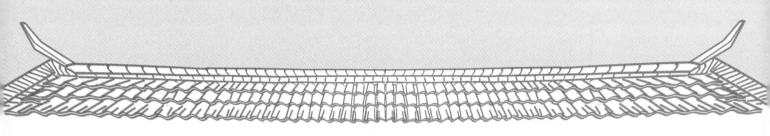

8.1 乡村照明综述

乡村照明作为乡村重要的基础设施，不但在夜间生产、出行、治安等方面具有保障性作用，促进"宜居"建设；还能进一步挖掘传统村落、自然风貌等优质资源潜力，形成全新经济增长点，推动"宜业"、"宜游"建设。但是，由于发展时序、管理体制、经济基础等多种制约因素，目前我国乡村照明还处于起步阶段，尚没有统一的建设、运维和管理标准，导致各地农村照明发展水平不平衡，无法充分保证农村人民日益提高的安居乐业需要，较体系成熟的城市照明来看还有不小差距（图8-1-1、图8-1-2）。

加强农村照明工作是为进一步改善农村人居环境，加快补齐农村发展短板，是提高新农村建设水平、缩小城乡差距、促进协调发展的重要举措之一。

8.1.1 乡村照明设计

乡村照明的建设应与当地的文化、环境相结合，不同类型的农村制定不同的照明设计规划和方案，在保障农村居民夜间出行的基本需求前提下，有差别地推进农村照明事业的发展，杜绝千篇一律的现象发生。

乡村照明的建设应与当地的经济相适应，防止盲目跟风、过度投资的情况，制定与农村建设发展相适应的建设步调，按需照明，稳步推进。同时探索

1   2

图8-1-1　**安装照明的民居院落示意图**
（图片来源：网络）

图8-1-2　**安装照明的传统村落示意图**
（图片来源：网络）

建立农村照明管理与建设模式，发挥财政资金撬动功能，创新融资方式，鼓励社会资金用于农村照明设施的建设和维护。

农村照明事业的发展应与人民的需求相适应，服务于农村的建设和生产生活。以人民满意为目标，以满足农村居民夜间物质、文化和精神生活需求为目的，努力为农村提供健康、舒适、优美、安全的公共环境。

一、道路照明

道路照明应该遵循安全可靠、经济合理、节能环保、维修方便、美化环境的原则。应考虑道路和场所的特点，根据灯具的配光类型和布置方式，科学设计灯具的安装高度和间距，保证达到相应照明要求。

1. 照明标准

道路照明应分别针对乡村主要道路、次要道路和宅间道路，结合道路实际使用功能（机动车、人行道或人机混合），科学选择照明标准。

道路照明设计应遵循：使机动车驾驶员在不大于设计时速时能分辨前方道路状况，使行人能发现路面上的障碍物，相遇时能彼此识别面部，有助于行人确定方向和辨别方向的目的。

应根据当地实际以路面平均亮度（或路面平均照度）、路面亮度均匀度（或路面照度均匀度）、眩光限制等参数为评价指标。具体数值根据道路的使用功能参考《城市道路照明设计标准》CJJ45相关内容。

（1）机动车道路照明

在设计道路照明时，应确保其具有良好的诱导性，根据交通流量大小和车速高低，以及交通控制系统和道路分隔设施完善程度，确定同一级道路的照明标准值。

（2）人行道照明

地处偏远、经济欠发达等地区可暂不实施村内人行道照明。

2. 布灯方式

道路照明灯具的布置可根据乡村道路横断面型式、宽度及照明要求进行选择单侧布置、双侧交错布置、双侧对称布置或中心对称布置等基本方式。布灯方式如图8-1-3至图8-1-6所示。

十字交叉路口的灯具可根据道路的具体情况和照明要求，分别采用单侧布置、交错布置或对称布置等方式，并根据路面照明需要增加杆上的灯具。

T形交叉路口应在道路尽端设置灯具（图8-1-7），并应充分显示道路型式和结构。

环形交叉路口的照明应充分显现环岛、交通岛和路缘石，当采用常规照明方式时，宜将灯具设在环形道路的外侧（图8-1-8）。

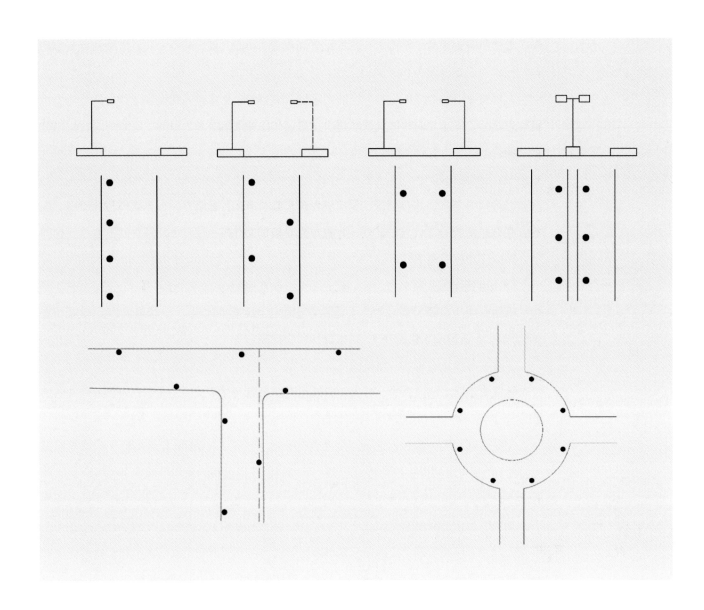

二、公共环境照明

公共环境照明可分为满足村民夜间公共活动需要的功能性照明和对重要景观节点等的装饰性照明。村民夜间公共活动场所应以功能性照明为主。重要景观节点宜进行装饰性照明。由于农村的发展程度不同，载体形式各异，应根据环境特质、建筑形式、空间结构、地形地貌、植物尺度、色彩等要素结合自身条件进行照明，形成整体性的照明效果。

公共环境照明应以人为本，避免大面积、大功率泛光照明，应保护自然生态环境，避免跳跃、闪烁、超亮的照明，避免溢散光产生的光污染。

1. 照明标准

公共活动场所照明应根据其功能和所营造的氛围确定。满足人们基本活动需要的亮（照）度要求，设计可参考《城市夜景照明设计规范》（JGJ/T163）

图8-1-3　单侧布置

图8-1-4　双侧交错布置

图8-1-5　双侧对称布置

图8-1-6　中心对称布置

图8-1-7　T形交叉路口灯具设置

图8-1-8　环形交叉路口灯具设置

相关要求。照明方式应根据功能和场地空间设置，可采用多种方式照明，宜以暖白光为主色调，选用显色性良好的光源。除重大活动外，不宜选用动态和彩色光照明。

重要景观节点照明应结合村庄内重要的公共建筑、重要节点区域、自然资源、标志物或雕塑小品等合理布置灯具，应重点突出建（构）筑结构特征及地域文化特色，符合当地风俗习惯，应与其他公共环境照明相协调。在造型上可以和被照明对象紧密结合，用光表现出景观特色。装饰性照明对夜景氛围的渲染起到锦上添花的作用，同时也会对使用者起到基础的安全保障，在夜间使用时不会出现危险。有条件的特色小镇，可以围绕商业步行街、景观带等打造夜间旅游路线，重点突出小镇的文化特征。

2. 照明方式

装饰性照明方式很多，主要有泛光照明、轮廓照明等。至于选用哪种照明方式并无固定模式可循，一定要根据被照物的具体情况而定，最重要的是要分析被照对象的功能、特征、风格以及周围环境的条件等，选择出适合被照对象场景的照明方式。

3. 布灯方式

照明灯具的布置要严格按照照明计算所定出的灯具数量进行，至于灯具的安装位置要综合考虑以下几个方面的因素确定：

（1）白天的景观

灯具安装点必须确保照明设备的外观美观大方且无碍白天的景观。能隐蔽设置的灯具设备一定不要暴露出来，当被照物结构不能满足隐蔽安装的要求时，一定要对外露灯具设备做一些美化处理，形成晚上看光、白天不见灯的理想画面。

（2）眩光问题

在大多数投光照明方案中，投光灯具的光度特性都有产生不可接受的眩光问题。因此在进行方案设计和方案审查时，一定要考虑周全，包括直射和反射所产生的眩光，尤其是在建筑入口处的灯具，一定要考虑到对出入行人、附近居民和驾驶员的影响，避免产生光污染。

（3）维护和调试问题

在照明设备正式投入使用前，必须进行调试。为了保证照明设备的正常运行，必须进行定期检查、维护。因此，在选定灯具安装位置时，一定要考虑这两方面的要求，选择便于调试、维护的位置。

8.1.2 乡村照明产品选择

一、道路照明

1. 灯具选择

道路照明必须采用功能性灯具。采用LED灯具时，其耐久性要求应符合：

（1）LED灯具的寿命不应低于25000小时。

（2）LED灯具在正常工作3000小时的光通维持率不应低于96%；6000小时的光通维持率不应低于92%。

（3）LED灯具正常工作一年的损坏率不应高于3%。

2. 光源选择

道路照明宜优先采用LED，不应采用高压汞灯和白炽灯。入户道路可选用节能灯光源。

当采用发光二极管（LED）灯光源时，应符合下列规定：

（1）光源的显色指数（Ra）不宜小于60；

（2）光源的相关色温不宜高于5000K，并宜优先选择中或低色温光源；

（3）选用同类光源的色品容差不宜大于7SDCM；

在现行国家标准《均匀色空间和色差公式》GB/T 7921规定的CIE 1976均匀色度标尺图中，在寿命周期内光源的色品坐标与初始值的偏差不应超过0.012。

3. 太阳能路灯

灯具的设计应确保电源和LED模组能在现场的灯杆上替换，内部接线使用快接插头；灯具的壳体（上框和下盖）开闭紧固应设计成用旋钮或不锈钢搭扣进行紧固以确保日常维护的方便，实现无需工具维护。每套太阳能路灯根据需要配置太阳能电池组件，太阳能电池组件能在灯杆支架上安装。

控制器采用节能型控制技术，具有充电保护、过放电保护、光控与时控等功能。应能24小时不间断工作，使用寿命5年以上。并能适用于潮湿、粉尘等恶劣环境。

每套太阳能路灯根据需要配置免维护太阳能专用电池。太阳能专用蓄电池（铅酸电池）必须具备防水技术，不使用电池防水箱，可直接埋土安装，无需另作防水技术，蓄电池使用寿命不少于5年。同时具有防水、防潮、防腐、保温隔热、通气等功能。

二、景观照明

1. 投光灯

投光灯是指定被照面上的照度高于周围环境的灯具。通常，投光灯能够瞄准任何方向，并具备不受气候条件影响的结构（图8-1-9）。草坪地面支架安装如图8-1-10所示。

2. 条形灯

条形灯系列是一种高端的柔性装饰灯，其特点是耗电低、寿命长、高亮度、免维护等，特别适合室内外物体轮廓勾画。根据不同需求该产品有30厘米、60厘米、90厘米、120厘米等。也可根据客户需求订制不同规格（图8-1-11）。

坡屋面安装条形灯如图8-1-12所示。

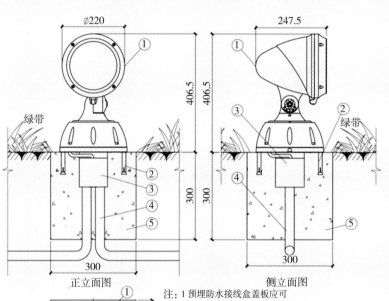

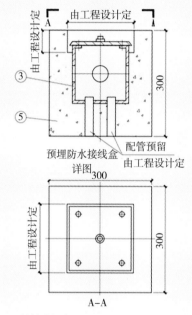

Ø220

247.5

406.5

406.5

由工程设计定

A

由工程设计定

300

配管预留
由工程设计定

预埋防水接线盒
详图

300

300

A-A

绿带

绿带

③

②

③

④

⑤

②

③

④

⑤

①

①

①

①

①

⑤

⑤

300

300

300

300

正立面图

侧立面图

300

300

⑤

平面图

注：1 预埋防水接线盒盖板应可
拆卸、开启、便于维修。
2 PVC 管或 PE 管敷设于覆土
层内，埋深应符合国家标准，
敷设至混凝土基础位置上引。
3 采用 C20 混凝土现场浇筑
混凝土基础，基础顶面标高
根据现场绿化情况调整。
4 电源线随预埋管、灯具尾
线 随金属软管敷设至预埋防
水接线盒内相接。
5 电缆型号及配管的管径根
据现场灯具回路负荷选配。

材料明细表

编号	名称	型号及规格	单位	数量	备注
1	投光灯	由工程设计定	套	1	
2	膨胀螺栓	M8×80	个	4	不锈钢
3	预埋防水接线盒	100×100	个	1	不锈钢
4	配管	由工程设计定	m	–	
5	C20 混凝土基础	–	个	1	

单位：毫米

9	11
10	

图8-1-9　**投光灯示意图**

图8-1-10　**草坪地埋支架投光灯
安装图**

图8-1-11　**条形灯示意图**

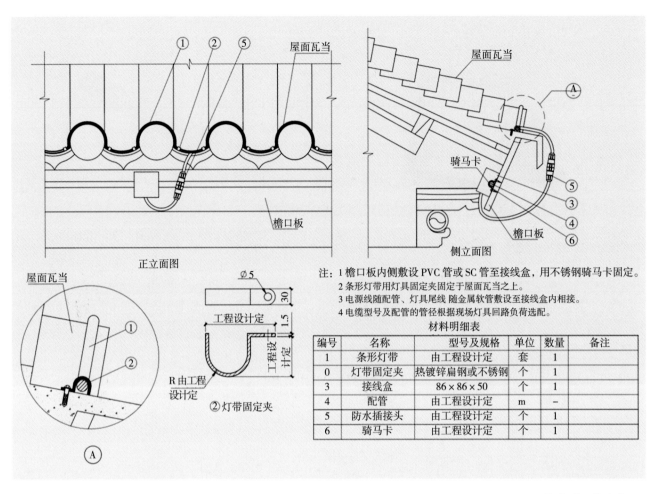

注：1 檐口板内侧敷设 PVC 管或 SC 管至接线盒，用不锈钢骑马卡固定。
2 条形灯带用灯具固定夹固定于屋面瓦当之上。
3 电源线随配管、灯尾线 随金属软管敷设至接线盒内相接。
4 电缆型号及配管的管径根据现场灯具回路负荷选配。

材料明细表

编号	名称	型号及规格	单位	数量	备注
1	条形灯带	由工程设计定	套	1	
0	灯带固定夹	热镀锌扁钢或不锈钢	个	1	
3	接线盒	86×86×50	个	1	
4	配管	由工程设计定	m	–	
5	防水插接头	由工程设计定	个	1	
6	骑马卡	由工程设计定	个	1	

图8-1-12　坡屋面条形灯安装图

8.1.3　乡村照明施工

1. 供电

道路照明宜采用供电电源，符合相关条件时可采用太阳能光伏电源。低压配电箱的母线上，宜按现行国家标准《低压电涌保护器（SPD）第12部分：低压配电系统的电涌保护器选择和使用导则》（GB/T 18802.12）的规定，选择和设置浪涌保护装置（SPD）。

对安装高度在15米以上或其他安装在高耸构筑物上的照明装置，应按现行国家标准《建筑物防雷设计规范》（GB50057）的规定配置避雷装置。

相关供电其他要求应符合《城市道路照明设计标准》（CJJ45）和《城市道路照明工程施工及验收规程》（CJJ89）相关要求。

2. 控制方式

应根据所在地区的地理位置、季节变化和村民的作息时间合理确定道路的开关灯时间。

采用手动控制和电脑时钟控制相结合的方式，有条件的地区可采用集中遥控系统。

3. 电缆敷设

道路照明配电系统宜采用地下电缆线路供电，当采用架空线路时，宜采用架空绝缘配电线路。

4. 环保和安全

道路照明改善应以避免浪费能源和光污染，以及不影响乡村地区动植物和农作物生长为原则，防止村庄内照明光线射入村民家中。

农村照明的施工及安全保护应参照《城市道路照明施工及验收规程》（CJJ89）的要求。

8.2　乡村照明技术与产品

8.2.1　技术一　太阳能路灯技术

在农村道路建设工作中，太阳能路灯凭借技术上的优势，利用太阳能电池板转化为电能，供照明使用，打破了传统路灯使用市电的局限性，实现了农村自给自足照明，解决了农村耗电多、电费高的困扰。在进行农村太阳能路灯配置时，离不开LED光源、太阳能电池板、蓄电池、控制器与灯杆的系统配置方案，而且农村太阳能路灯系统控制中一定要确定好照明时间与阴雨天气。

一、工作原理

太阳能电池是对光有响应并能将光能转换成电力的器件。能产生光伏效应的材料有许多种，如单晶硅，多晶硅等。它们的发电原理基本相同，现以晶体为例描述光发电过程。P型晶体硅经过掺杂磷可得N型硅，形成P—N结。当光线照射太阳能电池表面时，一部分光子被硅材料吸收；光子的能量传递给了硅原子，使电子发生了跃迁，成为自由电子在P—N结两侧集聚形成了电位差，当外部接通电路时，在该电压的作用下，将会有电流流过外部电路产生一定的输出功率。这个过程的实质是：光子能量转换成电能的过程，是由太阳能电池板来完成。庭院灯配备太阳能电池板外，还必须主要配备蓄电池、控制器、灯具。蓄电池用来把太阳能电池板产生的电存储起来，在需要的时候向外供电；控制器把太阳能电池板、蓄电池、负载连接起来，太阳能电池板发电时向蓄电池传送电能，负载需要供电时从蓄电池把电能按照设定的方式传送给负载，并具有防反充、过充、过放的功能；庭院灯所用负载即灯具，采用LED灯、节能灯或其他节能光源。

二、产品介绍

1. 功能结构

太阳能路灯由以下几个部分组成：太阳能电池板、太阳能控制器、蓄电池组、光源、灯杆及支架（图8-2-1）。

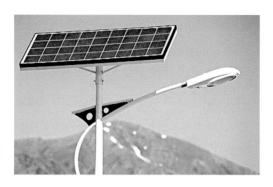

图8-2-1 太阳能路灯结构示意图

2. 设计要求

（1）太阳能电池组件设计

太阳能电池板是太阳能路灯中的核心部分，也是太阳能路灯中价值最高的部分。其作用是将太阳的辐射能力转换为电能，送至蓄电池中存储起来。在众多太阳光电池中较普遍且较实用的是单晶硅太阳能电池、多晶硅太阳能电池。在太阳光充足、日照好的东西部地区，采用多晶硅太阳能电池为好，因为多晶硅太阳能电池生产工艺相对简单，价格比单晶低。在阴雨天比较多、阳光相对不是很充足的南方地区，采用单晶硅太阳能电池为好，因为单晶硅太阳能电池性能参数比较稳定。由于重庆地区平均日照短的特性（经计算平均照时数约为3.8小时/天），冬天阴雨天多。综合对比和当地地理环境分析我们采用单晶硅太阳能电池板，太阳能组件选用总功率数160WP的太阳能电池组件，保证连续阴雨20天都能正常亮灯。以充分发挥其性能，保证系统的稳定性。

（2）蓄电池的设计

由于太阳能电池板发电系统的输入能量极不稳定，再加上路灯的使用是在晚上，所以需要配置蓄电池系统才能工作。现在市面上大多采用铅酸蓄电池。铅酸蓄电池由于其铅酸的腐蚀性和可再生利用性均无法达到环保和节能要求，另外维护和保养复杂，也使太阳能灯具在环保节能方面大打折扣。我们公司就这一问题，经过多年研究和探索，终于在这一领域取得突破，采用完全环保不腐蚀铅基板的超微颗粒复合硅盐化成液的硅能蓄电池，可使蓄电池反复使用并大大提高了性能，另外维护和保养更简单。

（3）灯具设计

无论太阳能灯具大小，一个性能良好的充电放电控制器是必不可少的。控制器不仅延长蓄电池的使用寿命，且对它的充电放电条件加以限制，防止蓄电池过充电及深度充电。在温差较大的地方，控制器还具备温度补偿功能。

（4）路灯设计

太阳能路灯采用何种光源是太阳能灯具是否能正常使用的重要指标，一般太阳能灯具采用低压节能灯、低压钠灯、无极灯、LED光源。

三、应用与效果分析

农村太阳能路灯是一套独立的分散式供电系统，它不受地域限制，不受电力安装位置的影响，也不需要开挖路面做布线埋管施工，现场施工安装方便，不需要输变电系统，不消耗市电，既环保又节能，综合经济效益好，特别是对已建成的道路增设新农村太阳能路灯非常的方便。一般农村太阳能路灯配置方案为：功率为15～30W的LED照明光源达到照明需求即可，可以根据需要进行调配（图8-2-2）。

图8-2-2　应用太阳能路灯的村落
示意图
（图片来源：网络）

第 9 章

新能源技术与产品

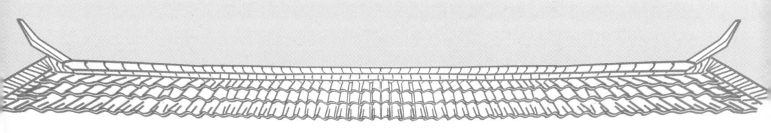

9.1 新能源技术与产品综述

中国有14亿人口，世界之最。其中，农业人口占据了一半，约有7亿人口居住在中国农村地区，大部分农村都远离城市和经济中心，这导致对于农业人口的能源运输成为一个巨大的问题。同时，中国国土面积巨大、幅员广阔、地形复杂，这无疑增大了能源输送的难度。长期以来，我国农村能源消费主要依赖于秸秆、柴薪等生物质能，能源利用率低且污染严重。随着经济、农民生活水平及环保意识的提高，农村能源结构也发生了巨大的变化。截至2005年止，商品能源在家用能源结构中的比例达到了46.05%。因此，加快发展农村清洁能源将有利于缓解商品能的消耗，有利于促进生态环境保护，有利于推进农村节能减排及发展农村循环经济。

复杂的地形也为新能源发展提供了条件。在中国，几乎所有新能源都有所利用，这其中，有两种最广泛应用于农村地区，一种是风能，主要应用于内蒙古；另一种是农耕地区大量应用的沼气。沼气池在农村建设中是政府力推的，但是村落内普通农村未建设沼气池，部分新村已建的秸秆沼气池也多因来料不稳定、季节供应不平衡、技术不成熟、维护管理难度大、沼气池异味影响居民生活质量等问题而废弃，但是畜牧业的沼气建设却带给了村民很好的经济效益，未来需要考虑继续更新现有沼气设施，提高使用率和经济效益。

随着农村居民生活水平的提高，农村能源结构逐步转向以电力为主的新型能源结构。农村地区是我国未来新增电力需求的主要来源，也将成为我国未来电力需求的主要地区，用电量自然会越来越多。考虑到农村地区的广袤性和远远低于城市的人口密度，采用"自发自用"方式在用户侧发电的新能源，可以大大节约输电线路的成本，同时减少了输电损失。农村地区发展光伏基本上有八种模式：最常见的家用光伏电站、利用荒山荒坡等建成的生态光伏电站、渔光互补项目、农业光伏大棚、畜牧业+光伏、第三产业+光伏、水利等农业设施+光伏，以及热电光模式。光伏发电是一种绿色清洁的能源，农村地区生态环境脆弱，发展光伏发电既保护了农村的环境，更推动了绿色农业生产及美丽乡村的建设。

除了以上农村沼气和光伏发电，以氢能源为代表的面向未来的新能源也是适宜在农村地区大力发展的新型能源形式，特别是对于能源基础设施建设相对薄弱而甲醇资源充沛的广大中西部地区，可以成为完善西部大开发能源布局和实现能源升级的有效手段，具有突破性的现实意义。

9.2 新能源技术与产品

9.2.1 产品一 生活污水净化沼气池

一、工作原理

生活污水净化沼气池是采用厌氧发酵技术和兼性生物过滤技术相结合的方法，在厌氧和兼性厌氧的条件下将生活污水中的有机物分解转化成甲烷、二氧化碳和水，达到净化处理生活污水的目的，分解产生的甲烷可收集起来作为能源使用。沼气池的工作原理示意图如图9-2-1所示，包含前处理和后处理两个阶段。通过前处理区进行厌氧消化，前处理区包含沉砂区、厌氧Ⅰ区和厌氧Ⅱ区三部分，沉砂区主要起到沉淀去除固态可沉降物质的作用，Ⅰ区主要是厌氧消化有机物，Ⅱ区内用软填料用作微生物载体，进一步降解有机物；后处理器设有填料及滤料，发挥兼性过滤作用，进一步净化水质。

二、产品介绍

1. 产品图样（图9-2-2、图9-2-3）

2. 结构类型

生活污水净化沼气池一般由前处理区（沉砂池、两级厌氧消化池）和后处理区（多级兼氧过滤池）两个部分组成。两级厌氧消化池包含厌氧Ⅰ区和厌氧Ⅱ区，Ⅰ区主要是厌氧消化有机物；Ⅱ区内用软填料用作微生物载体，进一步降解有机物。根据沼气厌氧发酵原理，此区运行时，会产生大量沼气；后处理区一般设置有填料及滤料，发挥兼性过滤作用，净化水质。

生活污水净化沼气池排列大致有条形、矩形、圆形三种，各种工程可根据场地和地形情况选择不同的排列方式（图9-2-4）。

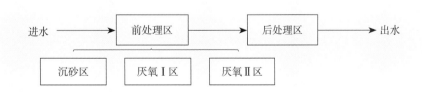

图9-2-1　污水净化沼气池示意图

3. 工程造价及运行管理费用

（1）工程造价

污水净化沼气池类型和材质不同，其造价不尽相同。总体来说，生态净化沼气池的总池容较标准化粪池大，且需安装少部分软硬填料，其造价比普通化粪池高20%～25%左右。

（2）运行管理费用

在日常使用过程中，沼气池主要为维修管理费用，约为每年一次，每次费用约为250～300元。

4. 日常维护情况

沼气池日常管理工作必须做到以下几点：

2 | 3

图9-2-2　**污水净化沼气池示意图**
（图片来源：网络）

图9-2-3　**模压污水净化沼气池示意图**
（图片来源：网络）

图9-2-4　**沼气池处理生活污水结构示意图（圆形）**

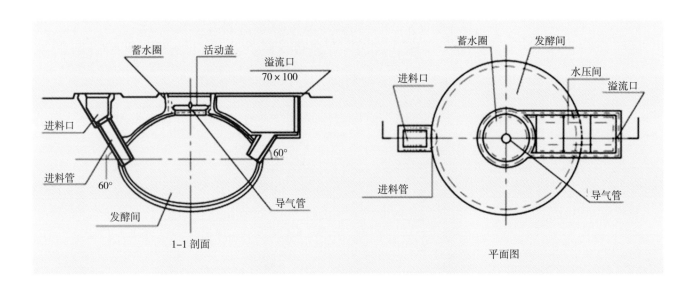

（1）污泥清掏周期：厌氧消化池2～3年，后处理区和沉砂池每半年一次。

（2）每4～5年更新聚氨酯过滤泡沫板，每十年更新软填料（半软填料可不更换）。

（3）注意安全，避免发生火灾、窒息事故。

（4）严禁有毒物质如电石、农药或家用消毒剂、防腐剂、洗涤剂等入池。生活污水的出水在必要时进行消毒或季节性地进行消毒。

（5）要对出水定期进行监测，出现问题及时解决。

（6）防止超过设计负载的车辆驶进池面，并防止出料更换填料等操作中对池壁的机械损伤。

（7）要由专人负责清除预处理池中的各种杂物（砖头、瓦块、石头、玻璃、金属、塑料等），并预防进料管口堵塞。

（8）净化池所产沼气应按照沼气使用操作规程安全用气，严禁将输气管堵塞或放在阴沟里。

5. 出水水质和排放要求

沼气池出水含有较高浓度的氮、磷等，不可直接排放，可用作农业堆肥，并实现资源化利用。

沼气池作为污水资源化单元和预处理单元，其副产品沼渣和沼液是含有多种营养成分的优质有机肥，如果直接排放会对环境造成污染，可回用到农业生产中，或后接污水处理单元进一步处理。

（1）出水水质情况

一般对CODcr、BOD5、SS等常规性指标有较好的降解，可以高达75%左右的处理效果，但对氮、磷等指标处理效果甚微。

（2）排放要求

沼气池出水含有较高浓度的氮、磷等，不可直接排放，沼气池作为污水资源化单元和预处理单元，其副产品沼渣和沼液含有多种营养成分的优质有机肥，如果直接排放会对环境造成污染，可回用到农业生产中，或后接污水处理单元进一步处理。

6. 优缺点比较

（1）沼气池的优点

产生沼气，实现了废物的资源化利用，沼液也可以作为农田肥料，回收利用。

（2）沼气池的缺点

沼气中含有硫化氢气体，有毒，还会产生其他臭气，影响使用感受。同时，产气效率也受环境温度的影响，普遍情况是在夏季产气量大；冬季又因为环境温度低而产气不足，不能正常使用。维护保养有一定难度，清理不仅有恶臭气味，还有一定危险。并且，沼气池出水含有较高浓度的氮、磷等，不可直接排放。

7. 适用条件及地区

适用于分散型、无管网集中收集的平原型、山地型、沿海型农村,可应用于一家一户或联户农村污水的预处理方法,如果有蔬菜种植和果林种植等产业,也可以作为不同产业的肥料来源。特别适用于畜禽养殖与蔬菜种植和果林种植等产业结合,形成适合不同产业结构的沼气利用模式。

三、应用与效果分析

1. 应用案例

在我国已经有很广泛的应用,如福建省福州市晋安区宦溪镇核铀村沼气工程、福建省建瓯市农村沼气工程（图9-2-5）。

（1）工艺流程

其工艺流程如图9-2-6所示:

图9-2-5　晋安区宦溪镇核铀村
　　　　　沼气工程实景照片

图9-2-6　沼气池处理生活污水
　　　　　工艺流程图

（2）运行情况

一般对CODcr、BOD5、SS等常规性指标有较好的降解，可以高达75%左右的处理效果，但对氮、磷等指标处理效果甚微。其副产品沼渣和沼液含有多种营养成分的优质有机肥，如果直接排放会对环境造成污染，可回用到农业生产中。

（3）成本分析

工程造价：现浇混凝土沼气池工程造价约800～1500元/m³。

运行成本：污泥清掏周期为厌氧消化池2～3年，后处理区和沉砂池每半年抽一次。每4～5年更新聚氨酯过滤泡沫板，每10年更新软填料（半软填料可不更换）。运行成本约为0.05～0.1元/m³·d。

2. 应用效果分析

污水净化沼气池在选址时与主建筑物距离应大于5米。污水净化沼气池在开挖时要了解地质情况，池墙施工外模可利用原状土，内模可用砖模或木模。原状土不能成形的池子需内外装模，也可采用砖砌筑。池拱最好采用砖模。进料口高度放在沉砂池的中部，应定期清理沉砂和浮渣，进料口直径不小于200毫米。沼气池池体内部要有良好的密封性，保证池体不漏水、不漏气。注意混凝土浇筑部位的养护，在闽西北地区秋冬季节温度较低，应注意早晚的防冻。

9.2.2　产品二　甲醇重整氢燃料电池系统

中国是全球最大的甲醇生产国，甲醇来源丰富，技术和配套产业链成熟。截至2016年，全球甲醇产能约12900万吨/年，中国甲醇产能达8000万吨/年，占世界产量60%以上。中西部地区煤炭、天然气、页岩气（油）资源丰富，现有的甲醇产能没有充分释放，西北地区已经是世界上最大的甲醇生产、消耗地区，也是世界上最大的煤制甲醇集结地。仅河套地区（含宁夏、内蒙古中部、陕西北部）便拥有60万吨/年以上装置20余套，合计产能超过2000万吨/年。整个西北地区合计拥有甲醇总产能超过4000万吨/年，约占我国甲醇总产能的50%，世界甲醇总产能的30%。一些偏远的地区可以因地制宜建设简易的小型煤化工甲醇制备点；也可以利用生物质（如秸秆等农牧产品剩余）资源，垃圾循环利用，以及二氧化碳回收加氢制甲醇等多种手段，以极低的投资就地取材获取甲醇。

甲醇的储运非常方便，贵州等部分省市是国家发改委重点推广甲醇燃料的试点区域，已经建设了初具规模的甲醇加注站点网络。加注可以依托现有的汽柴油的体系，对加油站略作改动，即可成为甲醇加注站，成本低，规范齐全。因此，在不增加重大基础设施投资建设的前提条件下，利用现有的基础条件，就可以规划实现点面结合的甲醇原料供应保障体系。

甲醇重整制氢燃料电池产品，在移动能源和分布式能源领域有着广阔的应用前景。甲醇重整制氢燃料电池的拓展应用，投资少，见效快，应用场景丰富多样，既不需要依托现有的供电供能设施支撑，也无需另建一套制氢供氢系统支持，对于能源基础设施建设相对薄弱而甲醇资源充沛的广大中西部地区，可以成为完善西部大开发能源布局和实现能源升级的有效手段，具有突破性的现实意义。

上海博氢新能源科技有限公司开发的甲醇重整氢燃料电池系统是一种以甲醇为能源载体，通过化学催化重整，生成氢气，将氢气导入燃料电池电堆发电的小型装置。

该系列产品技术含量高，发电成本低，通过成组技术和智能控制，组成不同功率的智能发电机，可广泛应用于移动能源和分布式能源领域。该装置原料来源广，使用便捷，发电效率高，对外部设施依赖度低，无噪音，零排放，是真正意义上的自主式氢能清洁发电机，其技术开发和产品应用对于基础设施落后、持续供能困难的中西部地区，甚至是无人区、无能区，建设可以初步满足当地群众生产和生活需要的基础供能网络体系，有着极其重要的现实意义。

一、工作原理（图9-2-7）

二、产品介绍

1. 产品图样

便携式的燃料电池发电装置，可供给500W～5kW功率的电力，结构紧凑，体

图9-2-7　甲醇重整氢燃料电池系统技术原理图

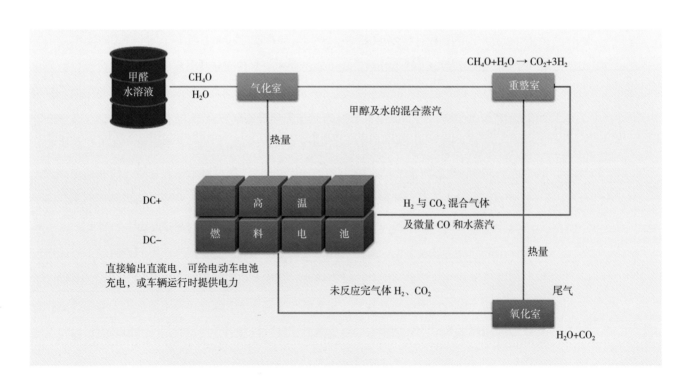

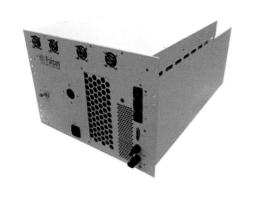

图9-2-8　5kW甲醇重整制氢燃料电池发电模块

积小巧，不到一个小拉杆箱的大小；功率5～50kW的单模块甲醇重整制氢燃料电池发电站，只有家用冰柜大小；多模块成组搭建的氢能电站，可以达到兆瓦级功率的发电能力。搭载甲醇重整制氢燃料电池的各种移动设备，包括加装改装的电动车车辆，除了满足车辆行驶的动力供给外，也可成为专用或临时的移动主备电源。此外，燃料电池与其他新能源技术发电设施兼容亲和，可以协同解决区域性的分布式智能供电问题，降低发电成本，提升发电效率（图9-2-8）。

2. 核心技术说明

燃料电池因为具有效率高、无排放、无噪音等优势而具备全面替代内燃机的潜质。在汽车用的储氢瓶式氢燃料电池系统，加拿大巴拉德公司历史最悠久，日本丰田、本田，韩国现代，德国奔驰车载应用最成熟，他们被视为第一梯队，他们在车载用燃料电池系统上合计拥有数万项专利。目前国内在这一方面和这些企业还有较大差距。

但是当前主流模式的"储氢式"燃料电池作为一个与现有汽、柴油不同类型的能源体系，在推广的过程中涉及大量的基础设施投入，同时，在制氢、储氢、加注及使用过程中对安全的要求非常高。

相比于这类"以储氢瓶"储存氢气的方式，上海博氢团队经过数十年的摸索，开发出了"以甲醇重整制氢"的模式，绕开了工业制氢和高压储氢的一系列限制，大大简化了系统，走出了一条自主创新之路。甲醇重整氢燃料电池本质是燃料电池，采用了"甲醇制氢"的方式来实现氢的"即产即用"，解决了影响氢燃料电池安全便捷使用的诸多难题，降低了氢燃料电池的应用门槛和使用成本，借助现有的燃料体系，可以迅速铺开。

该系统由沈建跃博士潜心研究氢能三十多年，结合中国氢燃料电池的发展状况，立足中国能源结构特点，在多年研究氢能发电系统的基础上，拓展了"液体燃料"制氢路径，研发出来"甲醇重整制氢燃料电池发电系统"。

该装置主要由"制氢"和"氢发电"两大模块组成，两部分高度系统集成，形成高效、紧凑的一个整体，从重整制氢的催化剂的配制、涂覆、反应器的结构设计、热交换、风量管理等方面均形成了完整的体系。

参考文献

［1］冯骥才等. 20个古村落的家底（中国传统村落档案优选）［M］. 北京：文化艺术出版社，2016.

［2］周建明. 中国传统村落——保护与发展［M］. 北京：中国建筑工业出版社，2014.

［3］郭焕宇. 中堂传统村落与建筑文化［M］. 广州：华南理工大学出版社，2014.

［4］林祖锐. 传统村落基础设施协调发展规划导控技术策略——以太行山区传统村落为例［M］. 北京：中国建筑工业出版社，2016.

［5］陆元鼎，陆琦. 中国民居建筑艺术［M］. 北京：中国建筑工业出版社，2010.

［6］刘森林. 中华民居——传统住宅建筑分析［M］. 上海：同济大学出版社，2009.

［7］蔡凌. 侗族聚居区的传统村落与建筑［M］. 北京：中国建筑工业出版社，2007.

［8］曹易. 传统村落保护与更新研究——以滇中地区为例［D］. 云南：昆明理工大学，2015.

［9］单彦名，梅静，陈云波. 昆明市域传统风貌村镇调查及保护策略研究［M］. 北京：中国建筑工业出版社，2015.

［10］王琨. 历史文化村落基础设施改善措施研究［D］. 广州：华南理工大学，2012.

［11］吕文文. 历史文化名村小河村道路交通基础设施调查及改善研究［D］. 北京：北京交通大学，2013.

［12］谭啸，李慧民. 农村基础设施现状评价研究［J］. 陕西建筑，2010，（5）：1-3.

［13］马昕，李慧民，李潘武等. 农村基础设施可持续建设评价研究［J］. 西安建筑科技大学学报（自然科学版），2011，43（2）：277-280.

［14］林祖锐，马涛，常江等. 传统村落基础设施协调发展评价研究［J］. 工业建筑，2015，45（10）：53-60.

［15］李凯崇，邓述波，徐东耀. 地下水除氟技术的研究进展［J］. 资源环境与发展，2010（1）：35-38.

［16］李桂兰，张有锁，朴光洙. 微污染水源水作为饮用水处理工艺设计研究［J］. 环境科学与管理，2010（12）：78-81.

［17］浦跃武，许小马，王斯尧，吴捷捷，魏成. 新型生物膜反应器处理传统村落生活污水的

挂膜研究［J］. 华南理工大学学报（自然科学版），2016，（03）：142-148.

［18］彭玉梅，吴歆悦，施金豆等. 生物膜—膜生物反应器废水处理技术进展［J］. 环境
科学与技术，2013，（S1）：217-222.

［19］干钢，唐毅，郝晓伟等. 日本净化槽技术在农村生活污水处理中的应用［J］. 环境
工程学报，2013，7（5）：1791-1796.

［20］曾令芳. 简评国外农村生活污水处理新方法［J］. 中国农村水利水电，2001，（09）：
30-31.

［21］柳君侠，李明月. 浅谈人工湿地在我国农村污水处理中的研究及应用现状［J］. 能源
与环境，2010，（2）：64-65.

［22］薛媛，武福平，李开明等. 农村生活污水处理技术应用现状［J］. 现代化农业，
2011，（4）：41-44.

［23］徐康宁，汪诚文，刘巍等. 稳定塘用于石化废水尾水处理的中试研究［J］. 中国给
水排水. 2009，（03）：32-36.

［24］刘华波，杨海真. 稳定塘污水处理技术的应用现状与发展［J］. 天津城市建设学院
学报，2003，（01）：19-22.

［25］何小莲，李俊峰，何新林等. 稳定塘污水处理技术的研究进展［J］. 水资源与水工
程学报，2007，18，（5）：75-77，82.

［26］张巍，许静，李晓东等. 稳定塘处理污水的机理研究及应用研究进展［J］. 生态环
境学报，2014，（08）：1396-1401.

［27］马克星，吴海卿，朱东海等. 生物浮床技术研究进展评述［J］. 农业环境与发展，
2011，（02）：60-64.

［28］岳三琳，刘秀红，施春红等. 生物滤池工艺污水与再生水处理应用与研究进展［J］.
水处理技术，2013，39，（1）：1-6.

［29］《得能瓦（板）光热系统》专项图集2018CPXY-J416.［M］. 北京：中国建材工业出
版社，2018. 10.

［30］徐磊. 加拿大轻钢结构住宅体系［S］. 2003. 3.

后记

　　《传统村落保护与传承适宜技术与产品图例》是《中国传统村落保护与发展系列丛书》之一。《传统村落保护与传承适宜技术与产品图例》是以"十二五"科技支撑计划项目"传统村落保护规划和技术传承关键技术研究"（项目编号：2014BAL06B00）中各个课题研究和开发成果为核心，同时，收集、整理当前传统村落保护与传承工作实施过程中所采纳的各类技术和产品，通过技术适宜性评价，最终集结而成。

　　在本书编写过程中，课题二"传统村落基础设施完善与使用功能拓展关键技术研究与示范"（课题编号：2014BAL06B02）华南理工大学魏成课题组研究、收集和整理了传统村落基础设施完善的相关技术与产品，课题三"传统村落结构安全性能提升关键技术研究与示范"（课题编号：2014BAL06B03）西安建筑科技大学周铁钢课题组研究、收集和整理了传统村落保护与传承民居结构功能提升的相关技术与产品，课题四"传统村落营建工艺传承、保护与利用技术集成与示范"（课题编号：2014BAL06B04）四川美术学院郝大鹏、潘召南、赵宇、龙国跃、刘贺玮课题组、西安建筑科技大学穆钧课题组、昆明理工大学柏文峰课题组、哈尔滨工业大学谭羽非课题组、长安大学王毅红课题组等研究、收集和整理了传统村落保护与传承营建工艺利用的相关技术与产品，同时，山东中车华腾环保科技有限公司、陕西垚森科技有限公司、西安丽水河谷环境技术有限责任公司、上海博氢新能源科技有限公司、常州市城市照明工程有限公司、北京瓦得能科技有限公司、湖南建立美建筑科技有限公司等为本书提供了乡村污水处理、道路与交通、乡村新能源、乡村照明等基础设施完善以及新型民居建造、装配式轻钢住宅体系等方面的技术和产品，课题五"传统村落规划改造及功能综合提升技术集成与示范"（课题编号：2014BAL06B05）陈继军课题组制定了技术和产品适宜性评价的指标体系、评价标准和评价方法，开展了传统村落保护与传承技术与产品的适宜性评价。

　　本书由陈继军、朱春晓、陈硕、俞骥白、袁中金等编写而成。全书共9章，第1章由陈继军、朱春晓、袁中金、俞骥白等编写，第2章由朱春晓、俞骥白、陈继军、刘贺玮、柏文峰、周铁钢、谭羽非、赵宇、龙国跃、潘召南等编写，第3章由陈继军、朱春晓、王欣荣、张翼辉、俞骥白等编写，第4章由陈继军、陈硕、苏光普、林嗣雄、张旭、陈蕾君、俞骥白等编写，第5章由陈继军、陈硕、魏成、叶峰、朱春晓、杨文元、史宇恒、傅大宝、高小平、苏光普、林嗣雄、张旭、陈蕾君、俞骥白等编写，第6章由朱春晓、袁中金、陈继军、林琢、谭羽非等编写，第7章由朱春晓、魏成、陈继军等编写；第8章由俞骥白、朱春晓、刘锁龙等编写，第9章由陈继军、褚红健、俞骥白等编写。

书中收集整理的技术和产品不仅用于传统村落的保护和传承，也可用于一般村落的保护和发展，书中对于传统村落和一般村落未作特别区分。在传统村落保护和传承过程中，可以结合传统村落保护和传承的特殊要求区别选用。

本书大多数图片均为各个技术和产品的资料提供方提供，部分图片来源于互联网开放性共享资源，在此对所有资料和文献的作者表示衷心感谢。

由于能力、时间和其他多方面的限制，本书难免存在着内容不够充实、研究方法不甚严谨、广度深度不足等诸多问题，敬请各位同行和专家不吝指正！

陈继军

2018年12月

图书在版编目（CIP）数据

传统村落保护与传承适宜技术与产品图例／陈继军等编著．—北京：中国建筑工业出版社，2019.1
（中国传统村落保护与发展系列丛书）
ISBN 978-7-112-23150-8

Ⅰ．①传…　Ⅱ．①陈…　Ⅲ．①村落－乡村规划　Ⅳ．①TU982.29

中国版本图书馆CIP数据核字（2018）第293213号

　　本书以经济性、实用性、系统性和可持续发展为出发点，系统地整理和总结了传统村落保护与发展亟需的传统村落基础设施完善与使用功能拓展，传统民居结构安全性能提升，传统民居营建工艺传承、保护与利用等多项技术与产品，形成当前传统村落保护与发展过程中可以借鉴并采用的适宜技术与产品集合。适用于建筑学、城乡规划等专业的学者、专家、师生，以及所有对传统建筑、村镇建设感兴趣的人士阅读。

责任编辑：孙　硕　胡永旭　唐　旭　吴　绫　张　华　李东禧
版式设计：锋尚设计
责任校对：赵　颖

中国传统村落保护与发展系列丛书
传统村落保护与传承适宜技术与产品图例
陈继军　朱春晓　陈　硕　俞骥白　袁中金　编著
＊
中国建筑工业出版社出版、发行（北京海淀三里河路9号）
各地新华书店、建筑书店经销
北京锋尚制版有限公司制版
北京富诚彩色印刷有限公司印刷
＊
开本：880×1230毫米　1/16　印张：12　字数：255千字
2018年12月第一版　2018年12月第一次印刷
定价：138.00元
ISBN 978 - 7 - 112 - 23150 - 8
（33235）